"新能源汽车与智慧交通"湖北省优势特色学科群（Hubei Superior and Distinctive Discipline Group of "New Energy Vehicle and Smart Transportation"）资助

软件测试用例集约简算法研究

U0183710

华 丽 /著

华中科技大学出版社
http://press.hust.edu.cn
中国·武汉

内 容 简 介

本书在满足测试需求集的条件下,对测试用例集进行约简,使得测试运行代价最小,从而达到节约测试成本、提高测试效率的目的。本书详细介绍了蚁群算法、遗传算法、改进的蚁群算法、遗传算法和蚁群算法相融合的算法、改进的 HGS 算法等约简测试用例集的算法。本书的重点在于约简测试用例集的同时,令所花的测试运行代价最小,且保证约简后测试用例集的错误检测能力不会降低。本书的特色在于,在对这些算法在理论上进行描述的同时,执行了严格的实验来佐证结论。本书可作为相关专业高年级本科生、软件测试方向的研究生、有兴趣的青年学者的参考书。

图书在版编目(CIP)数据

软件测试用例集约简算法研究 / 华丽著. -- 武汉 : 华中科技大学出版社,2024. 7.
ISBN 978-7-5772-0963-0

Ⅰ. TP311.5

中国国家版本馆 CIP 数据核字第 20245ZC307 号

软件测试用例集约简算法研究
Ruanjian Ceshi Yongliji Yuejian Suanfa Yanjiu

华 丽 著

策划编辑:张 玲
责任编辑:李 露
封面设计:原色设计
责任校对:王亚钦
责任监印:周治超
出版发行:华中科技大学出版社(中国·武汉)　　电话:(027)81321913
　　　　　武汉市东湖新技术开发区华工科技园　　邮编:430223
录　排:武汉市洪山区佳年华文印部
印　刷:武汉市洪林印务有限公司
开　本:710mm×1000mm　1/16
印　张:10
字　数:168 千字
版　次:2024 年 7 月第 1 版第 1 次印刷
定　价:48.00 元

前言

　　软件测试是软件开发过程中非常重要的部分。随着软件的规模越来越庞大,花费在软件测试工作上的时间、人力、物力也越来越多。测试用例集的数量及每个测试用例的运行代价决定着软件测试的成本及效率。在保证软件测试的质量和对软件关键操作进行充分测试的前提下,如何使用代价小且尽可能少的测试用例来充分测试软件,从而降低软件测试的成本和提高测试效率是本书研究的重点内容。

　　解决测试用例集约简问题的途径有两种,一种是进行测试用例的选择,另一种则是采用测试用例集约简技术。测试用例的选择就是从原始用例集中选择出一个测试用例子集,其能够覆盖所有的修改,但这种方法一般不能提供与原始测试用例集一样的测试覆盖度。本书主要关注的是第二种途径,即在原始用例集中,找到一个近似运行代价最小的测试用例子集,并能够提供与原始测试用例集一样的测试覆盖度。为了尽量减少软件测试的费用,我们在做测试用例集的约简时,不仅要减少用例的个数,还必须考虑测试用例的运行代价,并且每个测试用例的运行代价是不相等的。

　　本书分为四个部分。

　　第一部分即第 1 章绪论部分,给出概要性的介绍。

　　第二部分是软件测试用例集约简的理论基础,由第 2 章、第 3 章和第 4 章组成。第 2 章介绍了软件测试的概念,测试用例集约简的相关定义和术语,以及用贪心算法、HGS算法和GRE算法解决测试用例集约简问题的步骤等。第3章是以基本蚁群算法为核心展开的,在这一章中介绍了蚁群算法的思想,并且分析了此算法存在的问题及如何进行改进。第4章以基本遗传算法为基础,介绍了遗传算法的基本思想及原理。

第三部分详细阐述了作者提出的3种算法,由第5章至第7章组成。第5章在基本蚁群算法的基础上,考虑了每个测试用例的运行代价,其中,每个测试用例的运行代价是不相等的,于是引入了变异因子来增加蚂蚁选择路径的随机性,使得蚁群既能快速找到最佳路径,又不会限于局部最优。第6章将蚁群算法和遗传算法进行融合,首先利用遗传算法的快速随机全局搜索能力生成蚁群算法的初始信息素,然后利用蚁群算法的正反馈性,快速得到约简测试用例集的近似最优解。第7章在约简回归测试用例集的时候综合考虑了测试用例的测试覆盖度、测试运行代价和错误检测能力3个因素,所提算法在有效约简回归测试用例集的同时能保证约简后的测试用例集的错误检测能力。

第四部分为第8章,设计了一个原型系统进行仿真实验,把作者提出的3种算法和3种经典算法进行比较,对本书提出的3种算法进行了性能评估。

本书图文并茂,以实用为主,力求能够成为相关专业高年级本科生、软件测试方向的研究生、有兴趣的青年学者在研究相关主题时的参考书。本书受到"新能源汽车与智慧交通"湖北省优势特色学科群(Hubei Superior and Distinctive Discipline Group of "New Energy Vehicle and Smart Transportation")的资助。由于编者水平有限,缺点和错误在所难免,希望广大读者给予批评指正,对此作者深表谢意。

华丽

湖北文理学院计算机工程学院

2024 年 3 月

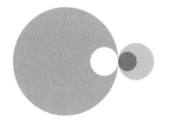

目录

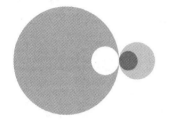

第1章
绪论

　　随着软件的规模越来越庞大,花费在软件测试工作上的时间、人力、物力越来越多。如何使用代价小且尽可能少的测试用例充分测试软件来保证软件测试的质量,提高测试效率,降低测试成本,是我们研究的主要内容。本章从研究的背景和意义出发,介绍了目前国内外对这个问题研究的现状及仍然存在的问题,最后阐述了本书研究的内容和主要解决的问题。

1.1　研究背景及意义

　　当今,计算机软件技术已渗透社会的各行各业,大到军事、国家安全、电力、银行等国家重要行业,小到超市、娱乐等日常领域。因此,软件的可靠性对人们的日常生活乃至社会的稳定起着越来越重要的作用。

　　不幸的是,尽管人们已经意识到软件质量的极端重要性,但仍然发生了多起由于软件质量问题而引起的悲剧。

　　1973 年,新西兰航空公司一架客机因为计算机控制的自动发行系统出现故障而机毁人亡,致使 257 名乘客死亡;1996 年,欧洲阿里亚娜 5 号火箭发射失败,导致其失败的直接原因是火箭系统的控制故障,直接经济损失高达五亿美元;2003 年,美国及加拿大部分地区发生的历史上最大的停电事故是由于软件错误导致的;2008 年,运行在苹果电脑 MAC OS X 操作系统上的 iCal 日历应用程序存在三个致命的安全漏洞,给 MAC 用户造成了严重后果。

　　种种事故使得人们对软件测试越来越关注,甚至超过了软件本身。软件测试是软件开发过程中一个既重要又很难实施的环节,在整个软件的生命周期中占有非常重要的地位,它对于保证软件产品的质量和提高软件产品的生产率起着重要作用。软件测试的费用和时间往往随着对软件产品质量要求的提高而迅速增长,根据各方面估计,一般约占整个软件开发项目的 40％ 以上。软件测试活动中,软件测试计划的设计和相应测试数据的生成是至关重要的。这些工作本身需要投入大量的时间和人力,用于研究如何制定测试计划,并生成相应的测试数据,其结果将直接决定整个软件测试系统的费用、效率和质量。软件测试从普通意义上讲是为了发现错误而执行程序的过程,它根据软件开发各个阶段的规格说明和程序的内部结构精心设计一些测试用例,并利用这些测试用例去运行程序,发现错误。所以说,软件测试是对软件的需求分析、设计说明和编码进行复审的软件质量保证工作。严格地说,软件测试活动并不只在程序编码结束之后才开始,而是贯穿整个软件的生命周期。应当尽早地和不断地进行软件测试,发现问题越早,错误纠正得越及时,所造成的损失就越小。在软件开发的各个阶段要科学系统地制定和细化测试计划,同时严格执行测试计划,排除测试的随意性。

在软件测试过程中,穷尽测试既不可能,也没必要。实际测试过程中,如何精选少量的测试用例,对系统进行有效的测试,是软件测试研究中的关键课题。其目标是使用尽可能少的测试用例,充分满足给定的测试目标,从而提高测试效率,降低测试成本。选择好的测试用例集不仅能减少软件测试的工作量,降低软件测试的成本,而且能在不降低软件测试的质量的前提下,提高软件开发的速度,从而使系统能及早投入使用,参与市场竞争。这在当前计算机软硬件技术迅速发展的形势下,显得尤为重要。

通常,测试人员首先根据软件需求分析、设计文档和代码等确定测试目标,将其表示为一组测试需求,然后设计、生成一组测试用例来满足所有的测试需求。例如在结构化单元测试中,当测试目标为实现语句覆盖时,则程序代码中的每一条语句将对应一条测试需求,随后生成的测试用例集必须满足这一组测试需求。对于每个测试需求一般都产生相应的测试用例,以实现对这个测试需求的充分测试。这样产生的测试用例集一般比较大,而且可能有比较大的冗余,即管理和维护这些测试用例及进行回归测试将耗费大量的时间、人力和物力,软件测试的成本太高。因此人们一直在研究如何基于测试需求集设计出一组有效、数量少又能充分满足所有测试需求的测试用例集,从而在保证和提高软件测试质量的同时,降低软件测试的成本。

随着软件开发过程的迭代、演化,还需要频繁进行回归测试,这导致测试用例集的规模越来越大。此时测试用例集中往往存在冗余的测试用例,即这组测试用例的某些子集也能满足所有的测试需求。由于测试用例的设计、执行、管理和维护的开销相当大,而测试资源往往有限,因此很有必要进行测试用例集约简。测试用例集约简的目的就是使用尽可能少的测试用例,充分满足给定的测试目标,从而提高测试效率、降低测试成本。

1.2 国内外研究现状

测试用例集的约简方法是在保证完全覆盖测试需求的基础上,尽量最小化测试用例集,从而达到降低软件测试成本,提高软件测试效率的目的。目前,对于测试用例集的约简技术的研究主要集中在两个方面:一是基于测试需求集的测试用例集约简技术的研究;二是基于组合覆盖的测试用例集生成和约简技术的研究。

在基于测试需求的软件测试中,解决基于测试需求集的测试用例集约简问题的一般方法是:首先根据测试目标中的每个测试需求确定相应的测试用例,所有这些测试用例组成初步的满足测试目标的测试用例集;然后针对这个测试用例集采用贪心算法、启发式算法或整数规划法等来进行精简,去掉一些冗余的测试用例。

贪心算法为了把测试需求集对应的测试用例集进行精简,每次从中挑选一个测试用例,使之能最多地满足所有未被满足的测试需求。M. J. Harrold等提出一种根据测试用例的重要性来选择测试用例的启发式方法;在贪心算法和M. J. Harrold等提出的启发式算法的基础上,人们又提出一种将这两种方法进行有机结合的新方法。这种方法首先选出必不可少的重要测试用例,然后利用贪心算法选出能最多地满足未被满足的测试需求的测试用例。在这些算法的基础上提出了一个新的测试用例集约简的启发式算法,这个算法不仅结合了贪心算法等的优点,而且充分考虑了剔除-冗余策略。后来提出了一种将原问题转化为整数规划问题,利用整数规划方法求最优解的方法,可以保证选出的测试用例集是原测试用例集最优的约简。

以上所述的测试用例集约简方法都基于两个基本的假设:① 每个测试用例在测试时,都有一定的测试覆盖度,并且测试覆盖度在程序的新版本中基本保持不变;② 假设每个测试用例具有相同的测试运行代价,即使用该用例测试程序时的运行代价,并且运行代价在程序的新版本中基本保持不变。基于以上假设,假定每个用例的运行代价相等,测试用例集约简算法就简化为找到一个用例数最少的用例集,同时在评价约简技术的最小化能力时,往往只考虑约简后测试用例集(简称最小化用例集)个数的多少,而不考虑最小化对用例集运行代价的约简。但是,根据测试用例集约简技术的定义,测试用例集约简的目的是要约简软件测试的费用而不是单纯地追求测试用例个数的最小化,所以在做测试用例的约简时,不仅要考虑该用例的测试覆盖能力,还必须考虑该用例的测试运行代价。其次,在实际测试过程中,各个用例的运行代价肯定会有差别,如果简单地假设各个用例的测试运行代价相等,势必会影响约简的效率。

在基于组合覆盖的测试用例集生成研究中,一般采用组合设计方法对软件进行组合测试,主要研究应用组合设计方法对软件进行组合测试。一开始主要是将正交实验设计方法应用于软件测试,取得了比较好的效果。正交实验设计方法是一种比较成熟、有效的测试用例选择方法,它可以实现对各个参数的两两组合的等概率覆盖,而且提供了一整套实验结果分析方法。

虽然在利用组合设计方法产生测试用例集方面取得了很多成果,但还存在着很多尚待解决的问题,主要表现在有些原始测试用例集并没有很好的生成方法,例如,利用正交实验设计方法进行软件测试时,测试用例集依赖于正交表,而对于正交表的构造,还有很多未解决的难题,特别是对于混合型的正交表,目前还没有比较好的构造方法,这严重制约了正交实验设计方法在软件测试中的应用。

通过上述分析、比较,我们发现这两种典型的测试用例最小集生成方法都存在一定的问题,理论上证明可行的算法如何在具体工程实践中有效运用还有待进一步研究和实践。进一步分析发现,这两种典型的测试用例最小集生成方法有一个共性,判断通过这两种生成方法产生的测试用例最小集是否是最优的,是否是满足测试需求和测试目标的,很大程度上受到最初选择的测试用例集是否满足测试需求和测试目标的限制。也就是说,虽然我们通过使用测试用例最小集生成方法可得到一个测试用例最小集,但由于输入的测试用例集本身存在一定的问题,造成输出的测试用例最小集不一定能满足所有的测试需求并达到测试目标。所以,除了测试用例最小集生成方法有待进一步研究和实践外,我们也应该同时去研究如何保证最初的测试用例集能够充分满足测试需求,以真正达到提高测试效率,节约测试成本的目的。

1.3 研究的主要内容

根据以上讨论及目前国内外关于测试用例集约简技术的研究现状,本书主要在以下几个方面进行了深入研究。

(1) 对基于测试需求集的测试用例集约简问题进行了定义。在原来的测试用例最小化问题的基础上加入了每个测试用例的运行代价,并且每个用例的代价在测试时是不同的,因此得到的约简后的测试用例集是在满足覆盖所有测试需求集的条件下运行代价最小的,而不是用例个数最少。

(2) 提出 4 种新的算法来求解上述提出的问题,并给出每种新算法求解该问题的模型和算法框架。

（3）通过仿真实验给出新算法中主要参数因子的取值范围。

（4）用仿真实验与几种典型算法进行比较，验证新算法求解测试用例集约简问题的优越性。

主要解决的问题有如下几个。

（1）对蚁群算法、遗传算法、HGS算法进行改进，进一步优化测试用例集约简算法。

（2）对改进的蚁群算法建立算法中路径信息素更新的方程式。

（3）通过仿真实验的结果得到新算法中主要参数和变异因子的取值范围。

（4）利用仿真实验与其他典型算法进行比较，验证本书所提出算法的优越性。

第 2 章
软件测试及测试
用例集约简技术

本章介绍了国内外 4 种常用的测试用例集约简算法,即贪心算法、HGS 算法、GRE 算法和整数规划算法,并对这几种算法进行了性能分析。这 4 种算法各有特点,任何一种算法都不比其他算法优越。Chen 和 Lau 在文献中用仿真方法研究这 4 种算法的性能,为实际使用这几种算法提供了一些参考和指导,不过这些方法不能保证产生的结果是最优的。Lee 和 Chung 提出了整数规划方法来约简测试用例集,可以保证选出的测试用例集是原测试用例集最优的简化。这种方法把原问题转化为整数规划问题,利用整数规划方法求出最优解。不过该方法需要借助环等软件包,并且当测试用例集规模较大时,其运算时间复杂度将呈指数级增长。

随着科学技术的发展,软件规模越来越大,功能也越来越多,软件的结构变得越来越复杂,软件出错的概率也随之增大,从而凸显了以发现软件错误为目标的软件测试在软件开发过程中的重要作用,最终使软件测试成为软件开发过程中保障软件质量的重要手段。本章将对软件测试及测试用例集约简技术的相关概念进行介绍。

2.1 软件测试

2.1.1 软件测试的概念

软件测试是确保软件质量和可靠性的重要手段,它的本质是为了发现错误而执行程序的过程。软件测试根据软件开发各个阶段的规格说明和程序的内部结构而精心设计一组测试用例,并利用这些测试用例去运行程序,发现错误。

一般而言,软件测试包含以下 3 个基本问题。

(1)如何为一个被测试软件生成测试用例。

(2)依据何种准则评判测试用例集的覆盖程度。

(3)当被测试软件发生变更时,如何有效地选择测试用例进行回归测试。

软件测试活动是贯穿整个软件开发生命周期的。软件开发的 V 模型描述了每一个开发活动对应的测试活动。该模型指出在软件开发生命周期中何时进行何种测试活动,每一层的测试检验都对应着相应的开发活动。无论采用何种软件生命周期模型,V 模型都是可行的。

图 2-1 所示的是一个有四项软件开发活动和四项测试活动的 V 模型。在任一阶段执行测试的目的是发现错误。在图 2-1 中,验收测试阶段的目的是发现软件需求的错误,系统测试阶段是为了发现结构说明的错误,集成测试阶段是为了发现程序设计的错误,单元测试阶段是为了发现程序编码的错误。错误发现得越及时,修改的成本就越小。

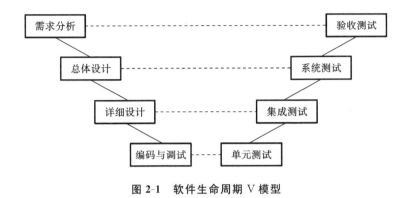

图 2-1 软件生命周期 V 模型

2.1.2 测试用例的定义

测试用例(Test Case)是一个包括输入和期望输出的信息组合集,是对软件运行过程中可能存在的目标、运动、行动、环境和结果的描述。

软件测试用例可以被定义为六元组:Test Case＝(测试索引,测试环境,测试输入,测试操作,预期结果,评价标准)。

(1)测试索引和测试环境在测试需求分析步骤中定义,是软件测试计划的内容。

(2)测试输入、测试操作、预期结果和评价标准在软件设计步骤中定义,是软件测试说明的内容。

(3)测试输入、测试操作、预期结果和评价标准的计算机表示(代码/数据定义)在软件测试实现步骤中给出,是软件测试程序产品。

2.1.3 软件测试的分类

为了检验开发的软件是否符合规格说明的要求而采用的测试策略是软件测试方法。现有的软件测试方法由是否运行程序一般可分为静态测试方法和动态测试方法。

静态测试是指不执行软件程序的软件测试方法,包括代码审查(Inspections)、代码走查(Walk-Throughs)、审计(Audits)及使用软件工具,如 Rational Rose 中的 purify 对代码进行静态分析。

静态测试的优点是能够在与执行路径无关的情况下检查代码；它的缺点是测试质量过多依靠测试人员的审查能力。

动态测试是通过抽样测试数据上运行程序来发现程序错误的。动态测试的优点是直接执行程序，可以直观地评价软件的性能；其缺点是可能无法达到期望的测试覆盖要求。

根据测试数据生成的信息来源，动态测试又分为黑盒测试和白盒测试。黑盒测试（Black-box Testing），又称功能测试、数据驱动测试或基于软件规格说明的测试（Specification-based Testing）；白盒测试（White-box Testing）又称结构测试、逻辑驱动测试或基于程序的测试（Program-based Testing）。

黑盒测试是根据软件的设计规格（what to do）来设计测试用例，对软件进行测试的。基于规格的测试方法主要有等价类划分、因果图、判定表、边界分析和事物流等。黑盒测试是一种基于客户角度的测试方法，它不考虑软件内部的结构问题，主要测试软件是否满足预期的功能。

白盒测试是基于程序内部结构（how to do）来设计测试用例，对程序进行测试的。白盒测试以代码为分析对象，通过分析程序的拓扑结构所获得的信息来生成测试用例，并根据结构覆盖标准来确定测试是否充分。常用的结构测试方法有路径测试、语句测试、分支测试、DU 链测试、条件测试及过程调用测试。

上述软件测试方法其实是辩证统一的，它们既相互对立又相互依赖，并且相互补充，任何一种测试方法都有其优点，在特定的测试领域或范围能得到充分发挥。同时，任何一种测试方法都不能保证满足所有测试的需求，存在一定的局限性。

2.1.4 软件测试的目的

软件测试的目的将对软件测试的工作实施有非常重要的影响。如果软件测试的目的是将软件中的错误尽可能多地找出来，则软件容易出错的部分和软件中较复杂的部分将成为测试的重点；如果测试的目的是给最终用户一个可信度较高的软件，让软件经得起质量评价，那么测试的重点就需要放在实际应用中经常会涉及的一些商业假设中。

Myers 给出了与软件测试相关的四个重要观点。

（1）软件测试是一个执行程序的过程，它的目标在于发现程序中隐藏的故障。

（2）软件测试是基于程序存在的错误而进行的活动。

（3）如果一个测试用例能够发现到目前为止尚未被发现的错误，则该测试用例是一个较好的测试用例。

（4）如果一个测试能够发现至今尚未被发现的错误，则可以认为该测试是成功的。

软件测试是为了寻找故障，而且事实上，测试只能证明故障存在，而不能证明故障不存在。正确认识软件测试的目的至关重要，直接关系到测试方案的制定及后期测试的执行。

如果以发现程序中的错误为目标，测试人员制定测试用例时就会选取容易暴露软件错误的测试用例；相反，如果测试是为了表明程序的正确性，那么测试人员在设计测试用例及执行测试时，就会有意识地去回避可能出现故障的地方，测试用例也会尽可能朝着正确执行的方向设计，例如边界条件、组合条件等就会被忽略，最终设计出不易暴露故障的测试方案，从而使程序的可靠性受到极大影响。这也就给测试人员提出了要求：在设计测试用例时，要以破坏系统为目的，要尽可能考虑容易出错的地方，以设计出易于发现软件故障的测试用例。

总体来说，软件测试的目的可以概括为：软件测试通过使用最少的人力、财力和时间，找出软件中隐藏的错误，并对发现的错误进行修改以提高软件质量，将软件发布后因潜在错误及缺陷而带来的商业风险降到最低可能性。

在理解软件测试的目的时，我们需要注意一种错误的观点，软件测试的唯一目的就是发现错误，对于那些找不出软件中隐藏的错误的测试不存在任何价值。

首先，测试除了要求发现程序中的错误外，还需要在此基础上认真分析产生错误的原因和错误的分布特征，以帮助项目负责人发现当时所采用的开发流程的不足之处，从而做出改进。同时，测试人员通过对这些错误进行了解和分析，也有助于他们制定下一阶段的测试方案，以提高测试的有效性。

另外，在某次测试中，即使没有发现软件中存在的错误，但它作为一个完整测试的有机组成部分也是必须进行的。

研究表明,软件开发生命周期中的设计阶段和编码实现阶段是错误经常发生的两个阶段,图 2-2 描述了软件错误引入与排除过程。

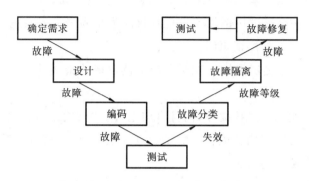

图 2-2　软件错误引入与排除过程

总体来说,软件测试的目的是发现软件中存在的错误或潜在的错误,促使开发人员进行修改,提高软件产品的质量,使得产品在卖给客户时,符合用户的需求。

2.1.5　软件测试的原则

软件测试方法是在软件测试的原则的指导下制定的。软件测试的原则可以概括如下。

(1) 从用户角度出发。

(2) 全面对产品进行测试。

(3) 要尽可能早和尽可能多地发现软件隐藏的错误。

(4) 跟踪分析存在的错误,针对性地提出改进意见,尽可能地满足客户需求。

零错误只是一种理念,不可能实现,在测试中我们将足够好作为测试的基本原则。

为方便测试人员通过测试寻找出软件的错误及缺陷,对软件可靠性进行评估和提高软件质量,软件测试方面的学者们提出了一些指导性原则,可以概括为下面 11 项。

（1）用户需求决定了所有测试的标准。

正如我们所了解的，产品最终需要交付给用户去使用，在这之前所做的测试是为了判断该产品的一致性和确保该产品能够满足用户提出的需求，这就要求测试人员要始终从用户的角度去思考问题，发现产品中存在的错误，分析这些缺陷将会造成的影响，其中要对那些可能造成系统崩溃、严重偏离用户需求的错误予以高度重视。

（2）制定的测试用例必须包括对程序的预期输出或结果的定义。

大部分测试人员可能会违反这一原则，在进行测试用例的设计时并未考虑定义程序的输出或结果。一个程序成功产生结果和输出并不能说明该结果和输出是正确的，还需要将该输出或结果与事先精确定义的预期输出或结果进行详细对比，以得出程序的输出或结果是否正确的判断。

（3）测试人员应该从项目需求开始投入测试工作，做到尽早地和持续地对软件进行测试。

软件的错误可能产生在软件生命周期的各个阶段，同时造成软件错误的因素可能在较早的阶段已经存在。因此测试人员应该在需求分析和设计阶段就参与到项目中，对软件的需求分析、系统或程序的设计进行审查，同时根据需求模型制定测试计划，设计测试用例，编写测试脚本，配置测试环境等，在软件设计模型确定之后再进行完善。在软件开发人员代码编写完成之后，就可进行测试用例的执行，发现软件中隐藏的错误。

（4）避免进行穷举测试。

即使是一个很小的程序，其路径的排列组合也呈指数级或者阶乘级增长，数量非常巨大，因此，不可能在测试过程中将每一个排列组合都执行，但可以从程序逻辑出发，对逻辑进行充分考虑，从而覆盖所有的程序条件，这种方法是可行的。

（5）由独立第三方而不是程序员对程序进行测试。

为了保证软件的质量和可靠性，软件应由独立的第三方来进行测试。进行软件测试的目的是找出软件中存在的错误，但从主观上讲，程序的设计机构或开发人员并不愿意找出自己所开发的程序中所存在的错误。客观上，对于一些因程序员对需求理解有偏差而造成的软件错误，即使再由程序员去测试，依然无法被揭示出来。因此，为了尽可能地发现错误，应该由独立的第三方来对测试进行构造。

（6）做好软件测试工作的前提是制定正确的测试计划，谋定而后动。

在开展实际测试之前，测试人员要在确定测试策略和测试目标的基础上，制定切实可行的、良好的测试计划，确定好测试方法和预期结果，并在测试时严格执行。

（7）测试用例不是随便写出来的，而是精心设计出来的。

测试人员在进行测试用例设计的时候，以测试目的为根据，使用相应的测试方法针对性地设计相应的测试用例，以此高效率地发现程序中的错误，提高程序可靠性。测试用例既需要测试程序是否完成指定任务，还需要检查程序是否执行了冗余工作，既需要选择合理的数据，也需要采用一些非法的输入来测试程序是否产生预期的结果。

（8）减少软件测试工作的随意性。

软件测试是一种组织性、计划性、步骤性要求比较高的活动。随意的测试工作会造成很多问题，比如缺乏测试案例的文档记录可能造成问题无法被重视，难以对错误进行定义和归类。

（9）测试用例用于发现程序中存在的错误，而不用于证明程序的正确性。

高水平的测试用例能够以较高的概率发现程序中存在的错误。在实际工作中经常会出现这种情况，测试人员在程序编写完成以后，输入几个随意的数据让程序运行，如果程序跑通则认为程序不存在错误，这种观点是错误的，在实践上也是非常有害的。因为该做法隐藏了那些容易暴露程序错误的数据。说起来容易，实际上这种错误是测试人员最容易犯的。所以，作为一名软件测试人员，应该将选取易于暴露程序错误的数据为目标。

（10）在软件测试中使用 Pareto 原则。

简单而言，Pareto 原则指在程序模块 20% 的部分中将发现 80% 的错误，即所谓的"集群现象"，因此对于出现错误较多的程序模块需要进行重点测试以发现残留的错误。

（11）要保护测试现场，核对资料并进行归档。

在测试执行过程中，如果发现软件中存在的问题，需要记录足够充分的测试信息，并对测试现场进行保护，以避免相同的错误再次出现。同时对测试计划、所用的测试用例、错误的统计及分析报告进行妥当保管，为下一阶段产品的测试保存有价值的信息。

2.2　测试用例集约简的相关定义和术语

测试用例集最小化的定义如下。

给定测试需求集 $R\{r_1, r_2, \cdots, r_m\}$，测试用例集 $T\{t_1, t_2, \cdots, t_n\}$，该测试用例集 T 能够用来充分测试 R 以及 T 的子集 $T\{t_1, t_2, \cdots, t_m\}$，测试需求 r_i 能够被 T_i 中的任一个测试用例 t_j 所充分测试。

问题：从中找到一个子集 T'，该子集 T' 能够用来充分测试给定的测试需求集 R 且满足（ $\forall T''$）（ $T'' \subset T \wedge T''$ 能够充分测试给定的测试需求集 $R \wedge |T'| \leqslant |T''|$）。

用 R 表示测试需求集，用 T 表示测试用例集，并假定这两个集合都是非空有限集。本文假定测试需求已经相当细化，测试需求集中的任一需求均能被测试用例集中的某一测试用例 t 所充分测试，不存在某个测试需求 r 需要由两个或两个以上的测试用例才能对其充分测试。

令测试用例集 T 与测试需求集 R 的二元关系 $S(T,R) = \{(t,r) \in T \times R$：测试用例 t 满足测试需求 $r\}$，即 $S(T,R)$ 表示测试用例 $t \in T$ 与测试需求 $r \in R$ 满足的关系。在不引起混淆的情况下，$S(T,R)$ 可以简写为 S。用 $\text{Req}(t)$ 和 $\text{Req}(T')$ 分别表示所有被测试用例 t 和测试用例集 T' 所满足的测试需求所组成的集合。如果一个测试用例 t 能够充分测试测试需求 r，那么我们说测试用例 t 能够满足测试需求 r。用 $\text{Test}(r)$ 和 $\text{Test}(R')$ 分别表示所有满足测试需求 $r \in R$ 和测试需求集 $R'(\neq \Phi) \subseteq R$ 的测试用例组成的集合。用 a 和 b 分别表示测试需求集和测试用例集的基数。

定义 1　必不可少的测试用例。

对于测试用例 $t \in T$，如果 $\text{Req}(T \backslash \{t\}) \neq R$（即某一需求 r 只有该测试用例 t 能够满足，$\text{Test}(r) = \{t\}$），则称 t 是必不可少的测试用例。

定义 2　冗余的测试用例。

对于测试用例 $t \in T$，如果 $\text{Req}(T\{t\}) = R$，则称 t 是冗余的测试用例。

定义 3　1-1 冗余的测试用例。

对于测试用例 $t \in T$，如果存在测试用例 t' 使得 $\text{Req}(t) \subseteq \text{Req}(t')$，则称测试用例 t 是 1-1 冗余的测试用例。

定义 4 占主导地位的测试需求。

对于测试需求 $r \in R$,如果存在测试需求 r' 使得 $\text{Test}(r) \subseteq \text{Test}(r')$,则称 r 相对于 r' 来说主导地位高,r' 相对于 r 来说主导地位低。

定义 5 重要程度高的测试需求。

对于测试需求 $r \in R$,如果存在测试需求 r' 使得 $|\text{Test}(r)| \leqslant |\text{Test}(r')|$($|\text{Test}(r)|$ 表示满足需求 r 的测试用例个数),则称 r 相对于 r' 来说重要程度高。

定义 6 最优代表集。

若 $T_1 \subseteq T$,且 $\text{Req}(T_1) = R$,则称 T_1 为代表集;如果对于任意代表集 T_2 有 $|T_1| \leqslant |T_2|$,则称 T_1 是最优代表集,显然最优代表集一定存在,但不一定唯一。如果存在多个最优代表集,则它们的基数一定是相等的。

下面举例说明各定义表示的含义。

测试用例集 T 与测试需求集 R 满足的关系 S 如表 2-1 所示。

表 2-1　测试用例集 T 与测试需求集 R 满足的关系表

T	R				
	r_1	r_2	r_3	r_4	r_5
t_1	1	0	0	0	0
t_2	0	1	1	1	1
t_3	0	1	0	1	1
t_4	0	0	1	1	1
t_5	0	0	1	0	0
t_6	0	0	0	1	1

测试需求集 $R = \{r_1, r_2, r_3, r_4, r_5\}$,测试用例集 $T = \{t_1, t_2, t_3, t_4, t_5, t_6\}$。其中,值为"1"表示对应的测试用例能覆盖对应的测试需求,值为"0"则表示对应的测试用例不能覆盖对应的测试需求。由上述可知,$\text{Req}(t_1) = \{r_1\}$,$\text{Req}(\{t_1, t_2\}) = \{r_1, r_2, r_3, r_4, r_5\}$,$\text{Test}(r_2) = \{t_2, t_3\}$,$\text{Test}(\{r_1, r_2\}) = \{t_1, t_2, t_3\}$。由定义1、定义2、定义3可知,$t_1$ 是必不可少的测试用例,t_2, t_3, t_4, t_5, t_6 是冗余的测试用例,其中,t_3, t_4, t_5, t_6 是 1-1 冗余的测试用例。由定义6可知,$T_1 = \{t_1, t_2, t_6\}$ 是 S 的一个代表集,$T_2 = \{t_1, t_2, t_3, t_4\}$ 也是代表集;$T_3 = \{t_1, t_3, t_4\}$ 是 S 的一个最小代表集,$T_4 = \{t_1, t_3, t_5\}$ 也是最小代表集;$T_5 = \{t_1, t_2\}$ 是 S 的最优代表集。

2.3 几种典型的测试用例集约简算法介绍

2.3.1 贪心算法

贪心算法是一种经典算法,其广泛应用于各种问题求解中。应用于测试用例集约简问题中时,其主要思想是每次从中选择一条测试用例,使之能最多地满足尚未被满足的测试需求,然后从中删除这些已经被满足的测试需求,直到所有测试需求都被满足为空集。这些选择出来的测试用例组成的集合就是约简后的测试用例集。该算法的最坏时间复杂为 $O(m.n.\min(m,n))$。每进行一次选择,都有考虑局部最优,即当前状态下对未覆盖的测试需求集的最大覆盖率,选择对未覆盖的测试需求集有最多覆盖数目的测试用例作为本次的选择。由此可见,贪心算法只是从当前状态下的局部最优进行考虑,并未从整体最优进行考虑,而且其所做的选择只能在某种意义上达到局部最优。但是贪心算法还是为测试用例集约简提供了一种最简便、最易实现的手段。

以下通过贪心算法在测试用例集约简中的应用阐述其基本原理。

贪心算法在测试用例集约简中的算法步骤如下。

input A:包含 m 个元素的集合

$C(A)$:A 的 n 个子集的集合

output C:从 $C(A)$ 中选择的元素的集合

declare U:A 中所有未覆盖元素的集合

X:从 $C(A)$ 中选中的元素

贪心算法的具体代码如下。

```
begin
    /*初始化*/
    U=A;
    C=ϕ;
    While(U≠ϕ)
        /*选择一个能满足未覆盖元素的最大数目的子集*/
```

```
Select X∈ C(A) such that |X∩U| is maximum;
U=U\X;
C=C∪{X};
    end while
end G
```

贪心算法的流程图如图 2-3 所示。

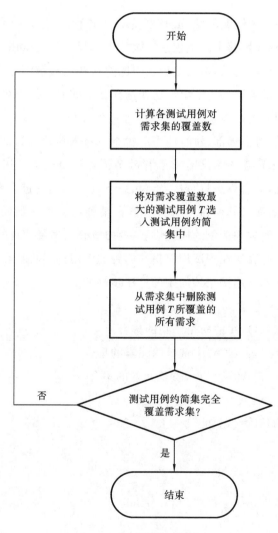

图 2-3　贪心算法的流程图

2.3.2 HGS算法

M. J. Harrold 等提出了一种根据测试用例的重要性来选择测试用例的启发式算法(简称 HGS 算法)。HGS 算法将测试需求集 $r_1, r_2, \cdots, r_m$ 划分到集合 $R_1, R_2, \cdots, R_d (d \leqslant n)$,其中,$R_i (i = 1, 2, \cdots, d)$ 包含所有正好可以被 T 中 i 条测试用例满足的测试需求,$d = \max\{|\text{Test}(r)| : r \in R\}$ 表示一个测试需求最多可以被 d 个测试用例满足。如果 $i < j$,HGS 算法认为满足 R_i 中测试需求的测试用例比满足 R_j 中测试需求的测试用例"重要"。HGS 算法首先选出满足 R_1 中测试需求的测试用例,从 R 中删除对应已经被满足的测试需求。接着考虑 R_2,使用贪心算法选择 $\text{Test}(R_2)$ 中的测试用例,直到 R_2 中的测试需求全部被满足。依次处理 $R_3, R_4, \cdots$,直到 R_d。当考虑满足 R_i 中的测试需求时,若存在某些测试用例所满足测试需求的个数相同的情况,则继续比较这些测试用例满足 R_{i+1} 时的情况,直至 R_d,则随机选择其中一个测试用例。该算法的最坏时间复杂度为 $O(m(m+n)d)$。

2.3.3 GRE算法

GRE 算法基于以下三种策略:必不可少策略、1-1 冗余策略和贪心策略。

必不可少策略:从测试用例集 T 中挑选出必不可少的测试用例,从 R 中去掉对应的测试需求。

1-1 冗余策略:在测试用例集 T 中剔除 1-1 冗余的测试用例(这一步可能产生新的必不可少的测试用例)。

由于贪心算法没有首先考虑必不可少的测试用例、1-1 冗余的测试用例等,往往会将一些不必要的测试用例选进最终用例集中,这影响了测试用例算法选择的效率。对贪心算法进行改进,在贪心算法的基础上增加考虑必不可少的测试用例、1-1 冗余的测试用例等的步骤,得到 GRE 算法。

GRE 算法首先将必不可少的测试用例选入最终用例集中,然后去掉 1-1 冗余的测试用例,并将选入结果集的测试用例所对应的测试需求从需求集中删除,形成新的测试用例与测试需求的覆盖关系,重复以上步骤,直到没有必不可少的测试用例或 1-1 冗余的测试用例为止,此时测试用例与测试需求覆盖关系均较之前有了较大的缩减,在一定程度上减小了问题规模,然后再使用贪心算法选择关系图中覆盖关系的测试用例到测试用例结果集中。从测试需求集中删除此时选择的测试用例覆盖的测试需求,若测试需求集得到全部覆盖,则算法结束。否则,重复以上步骤,直至测试需求集得到全部覆盖,算法结束。

GRE 算法的最坏时间复杂度为 $O(\min(m,n)(m+n^2k))$,其中,k 表示一个测试用例最多能满足的测试需求的数量。

GRE 算法在测试用例集约简中的算法步骤如下。

输入　R:测试需求集 $\{r_1,r_2,\cdots,r_m\}$

　　　T:精简前的测试用例集 $\{t_1,t_2,\cdots,t_n\}$

　　　T_i:满足测试需求 r_i 的测试用例集,$i=1,2,\cdots,m$

　　　R_i:测试用例 t_i 满足的测试需求集,$i=1,2,\cdots,n$

输出　精简后的测试用例集 T'

Declare Unsatisfied_Req:未满足的测试需求集

　　　ΔSelected:每一步骤挑选出的测试用例集

　　　Test:未挑选出的和非 1-1 冗余的测试用例集

　　　Max:$R_1,R_2,\cdots,R_n$ 中的最大集合

　　　max():返回最大集合的个数

GRE 算法的具体代码如下。

```
begin
    /* 初始化* /
    Selected=φ;Unsatisfied_Req=R;Test=T;
    /* 选择必不可少的测试用例* /
    Selected=U_iT_i such that r_i ∈ R and │T_i│=1;
    Unsatisfied_Req=R\(U_jR_j,t_j ∈ Selected);
    Test=Test\Selected;
    /* 将挑出的测试用例所满足的测试需求集清空* /
    for each t_i ∈ Selected do R_i=φ;
    /* 更新其他的测试用例所满足的测试需求集* /
    for each t_i ∈ T\Selected do R_i=R_i(U_jR_j,t_j ∈ Selected);
    while(Unsatisfied_Req≠φ)
        ΔSelected=φ;
```

```
        merge_sort(Test);/* 根据|R_i|进行降序排序* /
        remove_redundant(Test,R_1,…,R_n,T_1,…,T_n);
                                /* 删除 1-1 冗余的测试用例* /
        if(there are some T_i such that r_i∈Unsatisfied_Req and |T_i|=1)
          /* 选择必不可少的测试用例* /
          ΔSelected=U_iT_i such that r_i∈Unsatisfied and |T_i|=1;
        else
          Max=max({|R_i|:i=1,…,n});
                                /* 选择最多满足测试需求数的测试用例* /
          select a test case t_j∈Test such that |R_j|=Max;
          ΔSelected={ t_j };
        end if
        Selected=Selected∪ΔSelected;
        Test=Test\ΔSelected;
        Unsatisfied_Req=Unsatisfied_Req\(U_jR_j,t_j∈ΔSelected);
        for each r_i∈Unsatisfied_Req do T_i=T_i\ΔSelected;
        for each t_i∈Unsatisfied_Req do T_i=ϕ;
        for each t_i∈ΔSelected do R_i=ϕ;
        for each t_i∈Test do R_i=R_i\(U_jR_j,t_j∈ΔSelected);
      end while
    end GRE
```

remove_redundant 函数如下。

```
    function remove_redundant(Test,R_1,…,R_n,T_1,…,T_m)
    输入   Test:按|R_i|降序排列的测试用例集。令 Test={ t'_1,t'_2,… }。
          R_i:t_i 满足的测试需求集,i=1,2,…,n;
          T_i:r_i 满足的测试用例集,i=1,2,…,m;
    输出   Test:删除 1-1 冗余后的测试用例集
          T_i:删除 1-1 冗余的测试用例后满足 r_i 的测试用例集,i=1,2,…,m
    declare ΔRedundant:1-1 冗余的测试用例集;
          size:Test 初始集合大小;
    begin
      ΔRedundant= ϕ;size=|Test|;/* 初始化* /
```

```
for i=1 to size-1 do{/* 对 1-1 冗余的测试用例进行判断* /
if(t′ᵢ∈ Test){
  for j=i+1 to size do{
    if((t′ⱼ∈ Test){
      if(Rᵢ⊆Rₖ){
        ΔRedundant=ΔRedundant∪{t′ⱼ};
        Test=Test\{t′ⱼ};
}}}}}
for each Tᵢ do Tᵢ=Tᵢ\ΔRedundant;/* 对 Tᵢ 删除 1-1 冗余的测试用例* /
end remove_redundant
```

GRE 算法的流程图如图 2-4 所示。

2.3.4　整数规划算法

作为启发式方法的一种重要补充,0-1 整数规划算法将最优代表集选择问题转化为整数线性规划问题(Integer Linear Programming),从而获得最优代表集。C. G. Chung 等人最初将 0-1 整数规划算法用于求解最优路径集选择问题,并提出了 5 条简化规则以降低运算开销。随后,鉴于最优路径集选择问题和最优测试用例集选择问题的相似性,J. G. Lee 等人则提出,将上述求解最优路径集的整数规划方法和简化规则应用于求解最优测试用例集。

令测试需求集 $R=\{r_1,r_2,\cdots,r_m\}$,设计生成的测试用例集 $T=\{t_1,t_2,\cdots,t_n\}$,相应二元关系 $S(T,R)$ 可以表示为 $n\times m$ 的矩阵,其中,每行代表一条测试用例,每列代表一项测试需求。若测试用例 $t_i\in T$ 满足测试需求 $r_j\in R$,则 $S[i,j]=1$,反之,$S[i,j]=0$,其中,$1\leqslant i\leqslant n,1\leqslant j\leqslant m$。此外,令测试用例选择数组 $X(n\times1)=[(x_i)]$,若选择了测试用例 t_i,则 $x_i=1$,反之 $x_i=0$。

当考虑不同测试用例的开销差异时,可定义开销数组 $C(n\times1)=[(c_i)]$,其中,c_i 表示测试用例 t_i 的开销。于是最优代表集的选择问题转化为如下 0-1 整数规划问题:

$$\min z=CX=\sum_{i=1}^{n}c_ix_i$$
$$\text{s. t. } S^{\mathrm{T}}X\geqslant I$$
$$x_i=0 \text{ or } 1, \quad i\in\{1,2,\cdots,n\}, I(m\times1)=[11,10,\cdots,1]^{\mathrm{T}}$$

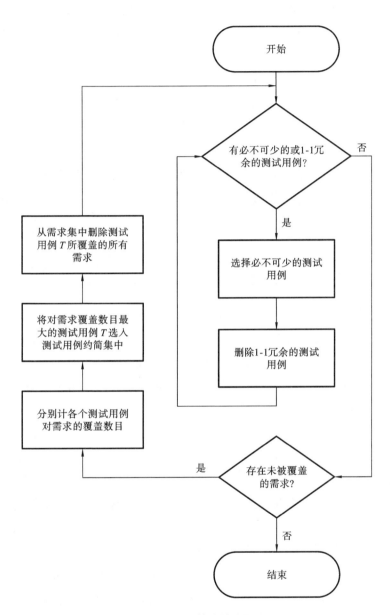

图 2-4 GRE 算法的流程图

该方法不仅适用于初始测试，也同样适用于回归测试。可用待测测试需求数组 $R(m \times 1) = [(r_j)]$ 来代替约束条件中的 $I(m \times 1)$，其中，若测试需求 r_j 与程序变更相关，则 $r_j = 1$，反之，$r_j = 0，1 \leqslant j \leqslant m$。

整数规划算法适用于多种约束条件、适应度值函数和测试充分性准则,但其时间复杂度较高,运算开销呈指数级增长。尽管简化规则可以降低其运算开销,该算法在实际应用中仍存在一定的局限性。

2.4 性能分析及实例研究

为了比较不同测试用例集约简算法的性能,分析各种约简算法的适用范围,对于测试用例集约简算法,通常采用以下四个属性来评价其约简效果。

(1) 充分性(Adequacy):约简测试用例集应保持与原始用例集相同的测试充分性准则。

(2) 精确性(Precision):能最大限度地剔除冗余测试用例,减小测试用例集的规模。

(3) 效益(Cost-effectiveness):用于测试用例集约简的费用(即运行约简算法得到最优测试用例集的费用)应该小于使用约简后测试用例集进行测试所节省的费用,即需要考虑测试用例集约简算法的开销。

(4) 通用性(Genarality):测试用例集约简算法可以适用于不同类型的程序、不同的测试充分性准则等。

显然,测试用例集约简算法应在保证充分性的前提下,尽可能提高精确性,同时考虑效益及其通用性。因此,针对测试用例集约简算法的实验研究也开始引起研究人员的重视。

T. Y. Chen 等用仿真方法研究了贪心算法(G 算法)、HGS 算法和 GRE 算法在精确性方面的性能,实验研究指出,以上 3 种启发式方法各有特点,已经证实任何一种算法都不比其他算法优越。实验中引入了重叠率 roverlap 的概念,重叠率是指在给定满足关系矩阵 $S(T,R)$ 中,测试需求被满足的次数和测试需求个数的比值。重叠率的取值范围不同,推荐采用不同的约简算法。当 roverlap≤2 时,即 $S(T,R)$ 较稀疏时,以上 4 种算法的精确性相当,推荐使用效益较好、时间复杂度较低且简单易行的 G 算法;当 2<roverlap<15 时,推荐使用 GRE 算法,通常它能产生规模较小的代表集,精确性较高;当 roverlap≥15 时,即 $S(T,R)$ 较稠密时,G 和 GRE 这两种算法的精确性相当,都优于 HGS 算法,在这种情况下,仍然推荐使用轻便的 G 算法。

H. Zhong 则针对 6 个具体的实验对象,从测试用例集约简算法的精确性和效益这两方面,比较了 HGS 算法、GRE 算法及 ILP 算法的性能。实验结果表明:在精确性方面,HGS、GRE、ILP 算法所获得的约简测试用例集的规模比较接近,其中,ILP 算法总是能获得最小的测试用例集,而 HGS、GRE 算法则各有优劣。在时间效益方面,$t_{ILP} \approx t_{GRE} > t_{HGS}$。因此,在不苛求获取最小测试用例集时,该实验结果推荐使用 HGS 算法。

下面用一个例子来说明以上各算法的应用,假设精简前的测试用例集 T 与测试需求集 R 之间的关系如表 2-2 所示。

表 2-2   测试用例集与测试需求集满足的关系表

T	R													
	r_1	r_2	r_3	r_4	r_5	r_6	r_7	r_8	r_9	r_{10}	r_{11}	r_{12}	r_{13}	r_{14}
t_1	1	1	1	1	1	0	1	0	1	1	0	0	0	0
t_2	0	1	1	1	0	0	0	1	0	1	1	0	1	1
t_3	1	1	1	1	0	1	0	0	0	0	1	1	1	1
t_4	1	1	1	0	1	0	0	0	0	0	0	1	0	0
t_5	1	1	1	1	0	0	1	0	1	0	0	0	0	0
t_6	1	1	1	1	0	1	0	0	0	0	0	1	0	0
t_7	1	1	1	1	1	0	1	0	1	1	0	0	0	0
t_8	1	1	1	1	0	1	0	0	0	0	1	1	1	1
t_9	1	1	1	1	1	1	0	0	0	1	0	1	0	0
t_{10}	1	0	1	1	1	1	1	0	1	0	1	1	0	0
t_{11}	1	1	1	1	0	0	0	0	1	0	0	0	0	0
t_{12}	0	1	1	1	1	1	1	0	1	1	0	1	0	1

应用贪心算法精简后的代表集是 $\{t_1, t_2, t_{12}\}$,采用 HGS 算法精简后的代表集是 $\{t_1, t_2, t_3\}$,采用 GRE 算法精简后的代表集是 $\{t_1, t_2, t_{12}\}$,采用整数规划算法精简后的代表集是 $\{t_2, t_{10}\}$,这也是最优代表集,而前 3 种算法都没有得到最优代表集。

第3章
基本蚁群算法

　　蚁群算法是一种分布式、多智能体仿生算法。它是从自然界真实蚂蚁觅食的群体行为得到启发而提出的,其很多观点都来源于蚂蚁觅食原理。蚁群算法通过蚂蚁个体之间的信息交流和相互协作来找到问题的最优解。本章将详细介绍蚁群算法的思想起源、基本原理、结构流程和数学模型等,对影响蚁群算法优化性的参数进行单独分析,并介绍蚁群算法目前所应用的领域范围。

受社会性昆虫行为的启发,智能自动化、智能计算等相关领域的研究工作者通过对昆虫行为的模拟,产生了一系列寻优问题求解的新思路,这些研究可被称为针对群体智能的研究。群体智能(Swarm Intelligence)中的群体(Swarm)是指"一组相互之间可以进行直接通信或者间接通信(通过改变局部环境),并且能够合作进行分布问题求解的主体"。而所谓群体智能是指"无智能的主体通过合作表现出智能行为的特性"。这样,群体智能的协作性、分布性、鲁棒性和快速性的特点使之在没有集中控制,并且不提供全局模型的前提下,为寻找复杂的大规模分布式问题的解决方案提供了基础。作为群体智能的典型实现,模拟生物蚁群智能寻优能力的蚁群算法受到学术界的广泛关注。其中,蚁群算法由于所提出的时间相对较早,已经得到了广大研究人员较为充分的研究。

3.1　蚁群算法的思想起源

　　蚂蚁是一种既渺小而又平常的社会性昆虫,单只蚂蚁的能力和智力是非常简单的,但它们通过相互协调、分工、合作却表现出极其复杂的行为,能够完成复杂的任务。意大利学者 M. Dorigo, V. Maniezzo 等人在观察蚂蚁的觅食习性时发现,蚂蚁总是能找到巢穴与食物源之间的最短路径。不仅如此,蚂蚁还能够适应环境的变化,如在蚂蚁运动路线上突然出现障碍物时,蚂蚁能够很快重新找到最优路径。经研究发现,蚂蚁的这种群体协作功能是通过一种遗留在其来往路径上的称作信息素的挥发性化学物质来进行通信和协调的。化学通信是蚂蚁采取的基本信息交流方式之一,在蚂蚁的生活习性中起着重要的作用。通过对蚂蚁觅食行为的研究,他们发现,整个蚁群就是通过这种信息素进行相互协作,形成正反馈,使多个路径上的蚂蚁逐渐聚集到最短的那条路径上来的。

　　根据蚂蚁"寻找食物"的群体行为,意大利学者 M. Dorigo 等于 1991 年在法国巴黎召开的第一届欧洲人工生命会议(European Conference on Artificial Life,ECAL)上最早提出了蚁群算法(Ant Colony Optimization Algorithm, ACO)的基本模型。1992 年,M. Dorigo 又在其博士学位论文中进一步阐述了蚁群算法的核心思想。其主要特点就是通过正反馈、分布式协作来寻找最优路径。这是一种基于种群寻优的启发式搜索算法,它充分利用了生物蚁群能通过个体间简单的信息传递,搜索从蚁穴至食物间最短路径的集体寻优特征,以及该过程与旅行商问题求解之间的相似性,得到了具有 NP 难度(Non-deterministic Polynomial Completeness)的旅行商问题的最优解答。同时,该算法还被用于求解 Job-Shop 调度问题、二次指派问题,以及背包问题等,显示了其适用于组合优化类问题求解的优越特征。

1992 年,M. Dorigo 在他的博士论文中进一步提出了蚁群系统(Ant System,AS)。在这篇论文中,根据信息素增量的不同计算方法,给出了 3 种不同的模型,分别称为蚁周、蚁量和蚁密模型;同时通过大量实验,讨论了不同参数对算法性能的影响,确定了算法主要参数的有效区间。

蚁群算法是从自然界真实蚂蚁觅食的群体行为得到启发而提出的,其很多观点都来源于蚂蚁觅食原理。算法中定义的蚂蚁与真实蚂蚁都有以下相同特点:都存在一个群体中个体相互交流通信的机制;都要完成一个相同的任务;都有利用当前信息进行路径选择的随机选择策略。这样,蚁群算法(Ant Colony System,ACS)所表现出来的群体智能就很好地模拟了蚁群做事的流程性及柔性分工特征,并且模拟了蚁群处理工作链脱节和延迟问题所采取的岗位替补与协同模式。

通过多年来世界各地研究工作者对蚁群算法的精心研究和应用开发,该算法现已被大量应用于数据分析、多机器人协作问题求解,以及电力、通信、水利、采矿、化工、建筑、交通等领域。

这里,要解释简单的程序规则为何能使蚁群算法完成如此复杂的功能,其答案只能是:简单规则中的智能涌现。事实上,每个蚂蚁智能体并不是像我们想象的那样需要知道整个世界的信息,它们只需要关心很小范围内的局部信息,而且只需根据这些局部信息,利用几条简单的规则来进行决策。这样,在蚁群算法的群体求解模式中,其复杂性的性能特点就会通过群体协作突显出来。这就是人工生命、复杂性科学的根本规律。

3.2　蚁群算法的基本原理

蚂蚁在运动过程中,能够在它所经过的路径上释放一种特殊的分泌物——信息素来寻找路径。当它们碰到一个还没有走过的路口时,就随机地挑选一条路径前行,同时释放出与路径长度有关的信息素。蚂蚁走的路径越长,则释放的信息素越少。当后来的蚂蚁再次碰到这个路口的时候,选择信息素较多的路径的概率相对较大,从而形成了一个正反馈机制。最优路径上的信息素越来越多,而其他路径上的信息素却会随着时间的流逝逐渐消减,最终整个蚁群会找出最优路径。蚁群行为具有非常高的自组织性,蚂蚁之间交换着路径信息,最终通过蚁群的自催化行为找到最优路径。因此,由大量蚂蚁组成的蚁群的集体行为表现出信息正反馈现象,某一路径上走过的蚂蚁越多,则后者选择该路径的概率越大。蚂蚁个体之间通过这种信息的交流达到搜索食物的目的。

这里,用一个形象化的图示来说明蚂蚁群体的路径搜索原理和机制,假定障碍物的周围有两条道路可从蚂蚁的巢穴到达食物源(见图 3-1):Nest-ABD-Food 和 Nest-ACD-Food ,分别具有长度 4 和 6。蚂蚁在单位时间内可移动一个单位长度的距离。开始时所有道路上都未留有任何信息素。

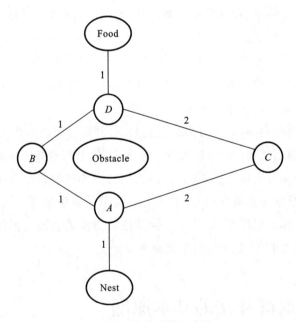

图 3-1　蚁群系统示意图

在 $t=0$ 时刻,20 只蚂蚁从巢穴出发移动到 A,它们以相同概率选择左侧或右侧道路,因此平均有 10 只蚂蚁走左侧,10 只走右侧。

在 $t=4$ 时刻,第一组到达食物源的蚂蚁将折回。

在 $t=5$ 时刻,两组蚂蚁将在 D 点相遇。此时 BD 上的信息素数量和 CD 上的相同,因为各有 10 只蚂蚁选择了相应的道路,从而有 5 只返回的蚂蚁将选择 BD 而另 5 只将选择 CD。

在 $t=8$ 时刻,前 5 只蚂蚁将返回巢穴,而 AC、CD、BD 上各有 5 只蚂蚁。

在 $t=9$ 时刻,前只蚂蚁又回到 A 并且再次面对往左还是往右的选择,这时,AB 上的轨迹数是 20 而 AC 上是 15,因此将有较为多数的蚂蚁选择往左,从而增强了该路线的信息素。

随着该过程的继续,两条道路上的信息素数量的差距将越来越大,直至绝大多数蚂蚁都选择了最短的路线。正是由于一条道路要比另一条道路短,因此,在相同的时间区间内,短的路线会有更多的机会被选择。

蚁群算法是一种随机搜索算法,与其他模型进化算法一样,通过候选解组成的群体的进化过程来寻求最优解。该过程包含两个阶段:适应阶段和协作阶段。在适应阶段,各候选解根据积累的信息不断调整自身结构;在协作阶段,候选解之间通过信息交流,以期望产生性能更好的解。

作为通用型随机优化方法,蚁群算法不需要任何先验知识,最初只是随机地选择搜索路径,随着对解空间的"了解",搜索变得有规律,并逐渐逼近直至最终达到全局最优解。

蚁群算法对搜索空间的"了解"机制主要包括以下 3 个方面。

(1) 蚂蚁的记忆。

一只蚂蚁搜索过的路径在下次搜索时就不会再被选择,由此在蚁群算法中建立禁忌表来进行模拟。

(2) 蚂蚁利用信息素进行相互通信。

蚂蚁在所选择的路径上会释放一种叫做信息素的物质,当同伴进行路径选择时,会根据路径上的信息素浓度进行选择,信息素是蚂蚁之间进行通信的媒介。

(3) 蚂蚁的集群活动。

通过一只蚂蚁的运动很难找到通向食物源的最优路径,但整个蚁群进行搜索就完全不一样。当某些路径上通过的蚂蚁越来越多时,在路径上留下的信息素数量也越来越多,导致信息素浓度增大,蚂蚁选择该路径的概率随之增加,从而进一步增加该路径的信息素浓度;而某些路径上通过的蚂蚁较少时,路径上的信息素就会随时间的推移而蒸发。因此,模拟这种现象即可利用群体智能建立路径选择机制,使蚁群算法的搜索向最优解推进。蚁群算法所利用的搜索机制呈现出一种自催化或正反馈的特征,因此,可将蚁群算法模型理解成增强型学习系统。

3.3　蚁群算法及其改进

各种基于蚁群或其他社会性昆虫搜索特性的方法都是以正反馈为基础的。蚁群算法最初随机选择搜索路径,通过对较好解的增强,使搜索变得有规律,并逐渐逼近直至最终达到全局最优解。蚁群算法是通过虚拟信息素来实现信息正反馈的。

蚁群算法的机理可以抽象为以下过程:一群人工蚂蚁相互协作在问题的解空间中搜索好的解,这些人工蚂蚁按照虚拟信息素和启发式信息的指引在问题的解空间一步一步地移动以构造问题的解,同时它们根据解的质量在其路径上留下相应浓度的信息素,蚁群中的其他蚂蚁倾向于沿着信息素浓度大的路径前进,同样这些蚂蚁也将在这段路径上留下自己的信息素,这就形成了信息的正反馈。这种正反馈机制将指引蚁群找到高质量的问题解。

同时,为了避免正反馈中出现早熟现象,算法中还需引入负反馈机制。在蚁群算法中,负反馈机制是利用信息素的蒸发来实现的。算法中信息素的蒸发强度不能太弱以防早熟现象的产生,另外,蒸发强度也不能太强,否则个体间的协作将受到抑制。

蚁群算法的另一个非常重要的组成要素是协同工作机制:人工蚂蚁之间通过虚拟信息素建立协作行为,个体的行为通过协作行为被集中起来形成对环境的同步探索。

蚁群算法解决组合优化问题有着明显的优势,因为蚁群算法作为一种新的启发式算法具有以下特征。

(1)它是通用的。

它可以应用于求解多种组合优化问题。对于不同问题,不需要或仅需做少量的改动就可直接应用。例如此算法既可以直接应用于旅行商问题（Travelling Salesman Problem,TSP），也可不需改动地应用于不对称旅行商问题（Asymmetry Travelling Salesman Problem,ATSP）。

（2）它是鲁棒的。

它的性能不因组合优化问题的不同而不同。

（3）它是一种基于群体的方法。

其由多个个体组成,个体之间可以互相交流信息,并互相影响,使整体达到某个目的。这个特征将使它可以将正反馈作为一种搜索机制,而且它也可以应用于并行系统。

蚁群算法已被成功地用于求解组合优化的近似最优解。用蚁群算法求解组合优化问题的关键在于以下几点。

（1）将待求解问题表示成相应的带权图。

（2）定义一种正反馈过程（如蚁群系统 AS 中蚂蚁释放一定量的信息素到边上）。

（3）定义一种负反馈过程（如蚁群算法中信息素的蒸发机制）。

（4）问题结构本身能提供解题用的启发式信息（如在旅行商问题中,蚁群算法城市间的距离）。

（5）建立约束机制（如蚁群算法中的禁忌表）。

当解决了这些关键问题后,就可以构造解决特定问题的蚁群。

3.3.1 蚁群算法框架

一般而言,用于解决各种组合优化问题的蚁群算法都遵循如下的统一算法框架。

```
begin
    设置参数,初始化信息素分布;
    while 不满足结束条件 do
        for 蚁群中的每个蚂蚁
            for 每个解构造步(直到构造出完整解)
                蚂蚁按信息素及启发式信息的指引构造一步问题的解;
                进行信息素局部更新(可选);
```

```
            end of for
        end of for
    以某些已获得的解为起点进行领域(局部)搜索；
    根据某些已获得解的质量进行全局更新信息素；
    end of while
end
```

3.3.2 蚁群算法的程序流程图

蚁群算法的程序流程图如图 3-2 所示。

3.3.3 蚁群算法的数学模型

下面，以 M. Dorigo 等提出的第一个蚁群算法——蚁群算法求解旅行商问题为例来说明蚁群算法解决组合优化问题时的算法数学模型。

假设有 N 个城市，TSP 问题的目标是寻找一个路径最短的最优旅行路线，旅行商经过所有城市并回到原出发城市，除出发城市外，每个城市只允许经过一次。TSP 问题的可行解即为除出发城市外所有城市的一个无重复序列。

显然，可将每个城市都映射为带权图中的节点，城市之间的道路映射为带权图中的连接。在蚂蚁系统中，蚂蚁由一个城市运动到另一个城市，逐步完成它们的搜索过程。在算法迭代过程中，每只蚂蚁 $k(k=1,2,\cdots,n)$ 根据概率转换规则生成一个有 N 步过程的行动路线。算法的迭代次数记为 $t,1\leqslant t\leqslant$ Max。其中，Max 是预先设定的算法最大迭代次数。

在第 t 次迭代时，第 k 只蚂蚁由城市 i 选择连接 (i,j) 转到城市 j 的概率为

$$P_{ij}^t = \begin{cases} \dfrac{[\tau_{ij}(t)]^\alpha [\eta_{ij}(t)]^\beta}{\sum [\tau_{ij}(t)]^\alpha [\eta_{ij}(t)]^\beta} & j \in \text{allowed}_k(i) \\ 0 & \text{其他} \end{cases} \tag{3-1}$$

其中，t 是蚁群算法的迭代次数，每迭代一次，图中各条连接上的信息素浓度都会发生变化。

$P_{ij}^t(t)$ 是蚂蚁 k 在第 t 次迭代时选择节点 i 到节点 j 的概率。

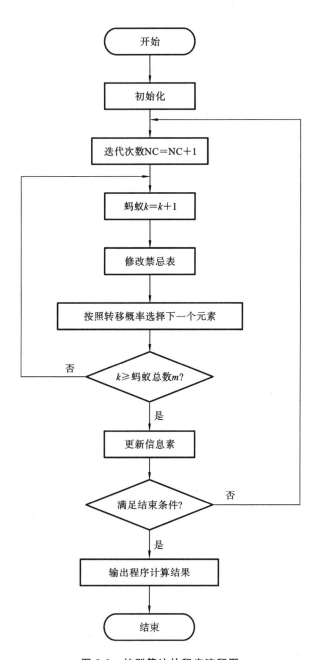

图 3-2 蚁群算法的程序流程图

allowed$_k(i)$是蚂蚁k在节点i处所能到达的节点集合。

$\tau_{ij}(t)$是连接(i,j)上的信息素在第t次迭代时的浓度。

$\eta_{ij}(t)$是(i,j)连接的局部启发信息,是一种基于具体优化问题和蚂蚁已经构造出的部分解的启发信息,通过利用一些局部经验构造高质量的解。在TSP问题中,$\eta_{ij}(t)$可以设为城市i与城市j之间距离的倒数。

α、β是协调连接上的信息素和局部启发信息这两种启发信息的因子。

在蚁群算法中,连接上的信息素浓度$\tau_{ij}(t)$与基于具体优化问题的局部启发信息$\eta_{ij}(t)$是引导蚂蚁构造问题解的两种启发信息。$\tau_{ij}(t)$是路过该连接的蚂蚁在完成一条路径后,根据对所生成解的评价释放的信息素,解的质量越高,信息浓度就越高。$\eta_{ij}(t)$则基于具体的优化问题,以及蚂蚁当前走过的路径所对应的部分解,利用构造该优化问题解的经验(如最短路问题中的贪婪法则),判断选择该连接的优劣,不考虑后面的路径和其他蚂蚁的经验。α、β是协调上述两种信息的因子,是两个可以调整的参数,用于控制信息素和局部启发信息的相对权值。如果$\alpha=0$,则最近的城市容易被选择,信息素不再起任何作用,算法转化为经典的随机贪婪算法。如果$\beta=0$,则只有信息素放大机制在独自工作,这将导致算法迅速获得一个可能是非最优的解。因此在信息素浓度和局部启发信息之间确定一种折中关系是非常必要的。一般而言,对于适用贪婪法则的问题,β应较大;要加快收敛,α应较大。

当蚂蚁完成一条路径(在TSP中是全部城市遍历一次)后,各路径上的信息素更新,在蚁群算法最初提出时有三种轨迹更新方式,分别称为ant-quantity system,ant-density system,ant-cycle system,它们的差别在于表达式$\Delta\tau_{ij}$(残留信息素的量)定义的k不同。

在ant-quantity算法中,从城市i到j的蚂蚁在路径上残留的信息素量为一个与路径无关的常量Q。

在ant-density system算法中,从城市i到j的蚂蚁在路径上残留的信息素量为Q,由于d_{ij}为城市i到城市j的距离,因而残留的信息素量会随着城市间距离的不同而变化。

在以上两种方式中,蚂蚁每移动一步就要进行轨迹更新,它们都采用在线逐步的更新方式。

ant-cycle system算法则是在一个蚂蚁环游完成之后才更新相关弧的轨迹,它是一种在线延迟的更新方式。有关模拟表明,其寻优性能优于前两种方式。在 ant-cycle system 算法中,从城市 i 到 j 的蚂蚁在路径上残留的信息素量与该次循环中所获得解(路径)的优劣有关,更新规则会让短路径(较优解)上对应的信息素量逐渐增多。

在第 t 次迭代结束后,每只蚂蚁 k 在路径 (i,j) 上留下一定的信息素 $\Delta\tau_{ij}$。其信息素更新方程式如下:

$$\Delta\tau_{ij}^k = \begin{cases} \dfrac{Q}{L^k(t)} & (i,j) \in S^k(t) \\ 0 & \text{其他} \end{cases} \tag{3-2}$$

其中,$S^k(t)$ 是第 k 只蚂蚁在第 t 次迭代经过的路径,$L^k(t)$ 是该路径的长度,Q 是一个预置参数。

为了防止信息素过早地聚集到迭代初期找到的路径上,信息素要有"蒸发"机制。没有信息素蒸发的路径搜索方法并不能获得理想的效果,它很可能导致初始化随机波动的进一步放大,从而得到一个非最优解。为了保证对解空间的充分搜索,有必要引入信息素蒸发机制,否则所有的蚂蚁都可能停滞于相同的路径。在算法设计中,通过引入信息素蒸发系数 $\rho(0 \leqslant \rho \leqslant 1)$ 来模拟蒸发过程。每条路径都遵循一致的信息素蒸发规则:

$$\tau_{ij}(t+1) = (1-\rho)\tau_{ij}(t) + \Delta\tau_{ij}(t) \tag{3-3}$$

其中,$\Delta\tau_{ij}(t)$ 为所有蚂蚁在路径 (i,j) 上留下的一定的信息素之和,其定义为

$$\Delta\tau_{ij}(t) = \sum_{k=1}^m \Delta\tau_{ij}^k(t) \tag{3-4}$$

其中,m 是蚂蚁的数量。

每条路径上的初始化信息素浓度是一个小的正常数 τ_0,也就是说,在 $t=0$ 时刻,各条路径上信息素的浓度相同。

蚂蚁的数量 m 是一个非常重要的参数。在此算法中,它是一个不随时间变化的常数。如果 m 过大,可以提高蚁群算法全局搜索能力及算法的稳定性。但在实际应用中,当蚂蚁数目过多时,也会使大量的曾被搜索过的解(路径)上的信息素的变化趋于平均,信息正反馈作用减弱。虽然这时全局搜索的随机性得到了加强,但收敛速度减慢。

反之,当 m 过小时,特别是当要处理的问题的规模比较大时,会使那些从来未被搜索到的解(路径)上的信息素减少到接近于 0,全局搜索的随机性减弱,虽然这时收敛速度加快,但会使算法的稳定性变差,且容易出现过早停滞

现象。

M. Dorigo 等人建议预置 $m = N$，也就是蚂蚁数量等于城市数目，在进行系统初始化时可将蚂蚁随机地分布到城市上或者每个城市上分布一只蚂蚁。这两种初始化方法对算法效果没有显著影响，也不存在明显差异。

3.3.4　蚁群算法的参数

对蚁群算法性能有影响的参数主要有：信息素残留系数 ρ、信息素启发式因子 α、期望值启发式因子 β 和与路径无关的信息素常量 Q 等。

（1）信息素残留系数 ρ 的大小直接影响着蚁群算法的全局搜索能力和收敛速度。ρ 取得过小，将影响算法的全局搜索能力，容易陷入局部最小值；ρ 取得过大，将影响算法的收敛速度。对于 ant cycle system 模型，ρ 一般取 0.5 比较合适。

（2）信息素启发式因子 α 的大小反映了蚁群在路径选择中信息素因素的强弱。α 的取值越大，则蚂蚁选择以前走过的路径的可能性越大，搜索的随机性减弱，容易陷入局部最优解；α 的取值变小，虽然可以提高随机搜索能力，但是算法的收敛速度会受到影响。

（3）期望值启发式因子 β 的大小反映了蚁群在路径选择中确定性因素的强弱。β 的取值越大，蚂蚁选择到局部最短路径的可能性越大，虽然收敛速度加大，但是同样容易陷入局部最优解而停滞。

（4）与路径无关的信息素常量 Q 为蚂蚁循环一周时释放在所经过的路径上的信息素总量。Q 的取值越大，则在蚂蚁已经走过的路径上，信息素的累积加快，可以加强蚁群搜索时的正反馈性能，有助于算法的快速收敛，缺点是容易陷入局部最优解而停滞。信息素常量 Q 对算法的性能影响有助于上述三个参数的配置。

3.4　蚁群算法的仿真实现

可以说，蚁群算法是一类模拟生物群体突现聚集行为的非经典算法。在蚁群算法的仿真中，首先应描述相对简单的蚂蚁系统及其简单蚁群算法，并对其进行合理的计算机程序模拟与动力系统仿真。有结果表明,简单的蚂蚁系统中存在着规模聚集效应。当蚁群的规模超过某一临界值时,蚂蚁的行为开始向有序的方向收敛,并最终稳定在一种有序状态。

在运行时间可重置的结构下,对于所执行的迭代式随机宏启发式策略,如何使运行规模压缩,从而使其与不允许运行时间重置的通常结构相比能得到更好的解答质量,这个问题是非常值得研究的。有论文研究了在动态可重构的 Mesh 结构下,如何执行蚁群优化算法。文中讨论了蚁群算法的执行问题,使算法的收敛性能被用于动态降低执行任务所需的 SubMesh 尺寸压缩。另外,该文还提出了一种方法来促进蚁群算法得到更快的收敛进程,这样就在运行时间重构的任务上增强了蚁群算法功能。该功能被用于蚁群算法的重复运行,使针对给定问题实例求解的蚁群算法在重复运行过程中能显著提高所获解答的质量。

蚁群智能的问题求解模式是具有在工程问题求解中进行实际应用的可能性的。现在,模拟生物和自然系统来解决复杂优化问题的方法是非常流行的。一方面,许多传统的方法不能解决这一类问题,另一方面,许多问题在没有人的帮助下就已经解决了。群体智能模式研究(包含蚁群算法研究)就是提出这种方法的基础。如前所述,群体智能模型可以实现如同蚂蚁、蜜蜂、白蚁一样在没有直接信息传递的情况下互助合作的集体行为。这种智能的特殊的协作分布式问题求解功能,能被应用到许多分布式问题求解领域,如机器人、网络、经济和环境领域等。因此,通过具体研究,总结出一些群体智能系统的相关准则,以及具体的群体智能技术和新的实现方法是很重要的。

3.5 蚁群算法的意义及应用

3.5.1 蚁群算法的意义

当今,科学技术正处于多学科相互交叉和融合的时代。特别是计算机科学与技术的迅速发展,从根本上改变了人类的生产与生活。同时,随着人类生存空间的扩大及认识与改造世界范围的拓展,人们对科学技术提出了更新的和更高的要求,其中对高效的优化技术和智能计算的要求日益迫切。

优化技术是一种以数学为基础,用于求解各种工程问题优化解的应用技术。作为一个重要的科学分支,它一直受到人们的广泛重视,并在诸多工程领域得到迅速推广和应用,如系统控制、人工智能、模式识别、生产调度、VLSI 技术和计算机工程等。鉴于实际工程问题的复杂性、约束性、非线性,以及建模困难等特点,寻找一种适合于大规模并行且具有智能特征的优化算法已成为有关学科的一个主要研究目标和引人注目的研究方向。

目前,除了已得到公认的遗传算法、模拟退火法、禁忌搜索法、人工神经网络等热门进化类方法,后加入这个行列的蚁群算法正在崭露头角,为复杂困难的系统优化问题提供了新的具有竞争力的求解算法。尽管一些思想尚处于萌芽时期,但人们已隐隐约约认识到,人类诞生于大自然,解决问题的灵感似乎也应该来自于大自然。这种由欧洲学者提出并加以改进的新颖系统优化思想,正在吸引着越来越多学者的关注和研究,应用范围也开始遍及到许多科学技术及工程领域。

3.5.2　蚁群算法的应用

蚁群算法在解决组合优化类问题求解方面表现突出。蚁群优化算法最初用于解决旅行商问题。自从在著名的旅行商问题和工件排序问题上取得成效以来,蚁群优化算法已经陆续渗透到其他领域中,如着色问题、大规模集成电路设计、通信网络中的路由问题,以及负载平衡问题、车辆调度问题等。蚁群算法在若干领域已经获得了成功的应用,其中最成功的是在组合优化问题中的应用。

可以将这些应用分为两类:一类应用于静态组合优化问题,其典型代表有 TSP、二次分配问题、车间调度问题、车辆路由问题等;另一类应用于动态组合优化问题,例如网络路由问题。

二次分配问题就是将 M 个设备分配给 n 个位置,从而使得分配的代价最小化。代价是将设备分配到位置上的方式的函数。二次分配问题是一般化的 TSP,因此可以将蚁群算法用于解决二次分配问题。Maniezzo,Colomi 和 Dorigo(1994)将最小-最大启发信息引入蚁群算法并用于求解 TSP,由此而产生的算法 AS-QAP 在一系列标准问题上进行了测试,结果表明该方法优于其他方法。蚁群算法在车间调度问题(JSP)中的应用也得到了初步的研究。利用 JSP 的极取图模型与 TSP 问题的相似性,可用蚁群算法求解 JSP 问题,并取得了一系列较好的实验结果。D. Costa 等人在 M. Dorigo 等人研究成果的基础上,提出了一种求解分配类型问题的一般模型,并用来研究着色问题。G. Bilchew 等人研究了求解连续空间优化问题的蚁群系统模型,并用来解决某些实际工程设计问题。但是,蚁群优化算法在求解连续优化问题方面的优越性要相对弱一些。

蚁群算法在动态组合优化问题研究中的应用主要集中在通信网络和工程应用方面。这主要是由于网络优化问题有一些特征,如内部信息和分布计算,非静态随机动态,以及异步的网络状态更新等,这些与蚁群优化算法的特征匹配得很好。

蚁群优化算法已经被成功地应用到了网络路由问题上。惠普公司和英国电信公司在 20 世纪 90 年代中后期都开展了这方面的研究,它们应用了蚁群路由算法(Ant Colony Routing,ACR)。每只蚂蚁就像在蚁群优化算法中一样,根据它在网络上的经验与性能,动态更新路由表项(Routing-Table Entries)。如果一只蚂蚁因为它经过了网络中堵塞的路段而导致了比较大的延迟,那么就对相应的表项做较小的增强,如果某条路段比较顺利,那么就对该表项做较大的增强。同时,应用挥发机制,可以做到系统信息的更新,从而使得那些过期的路由信息不再保留。这样,在当前最优路径出现阻塞时,ACR 算法能很快找到另一条可替代的最优路径,从而提高网络的均衡性、网络负载量,以及网络的利用率。

在蚁群算法的工程应用中,由于微型机器人(或移动机器人)的协调策略、行为策略、优化策略和蚁群系统有内在相似性,所以蚁群系统模型在多机器人系统协调、分布式控制规则设计、停滞恢复策略研究和气味传感机器人开发等方面有很大的参考意义。

在微型机器人系统动态模型、微型自治机器人系统的群体行为设计、可移动机器人的行为控制系统、痕迹跟踪机器人蚂蚁和自治机器人的导航策略等领域,蚁群算法的思想也被引入其中。这些机器人系统模仿了蚁群系统的群体优化能力,并具有实际蚂蚁系统的协同操作、协同决策、协同优化和分布式通信特性。

在其他工程应用中,如交通系统控制中,蚁群算法还被引入公共汽车路线规划和其他类型的车辆路线规划问题。

在通信网络应用中,蚁群智能体借助于运动协调和模拟信息素沉积来解决负载平衡问题。

在电力系统应用中,故障单元估计问题可被描述为一个组合优化问题,因而也可以使用蚁群系统来解决。虽然热电经济分配问题被分解为两个子问题,但是合作蚂蚁智能体可以有效地处理这个问题的约束,并给出合理的解。

在制造系统控制中,也可以使用蚁群系统的通信和协调能力。

在图像处理中,可以使用蚁群算法来揭示大图中的一些结构特征,还可将蚁群算法用于图像着色问题求解。

在分布式自治系统的实现中,蚁群系统可用于动态资源配置和协调运动规划。

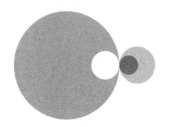

第4章
基本遗传算法

　　遗传算法是模仿自然界生物进化机制发展起来的随机全局搜索和优化方法,它借鉴了达尔文的进化论和孟德尔的遗传学说。其本质是一种高效、并行、全局搜索的方法,它能在搜索过程中自动获取和积累有关搜索空间的知识并自适应地控制搜索过程以求得最优解。遗传算法操作使用适者生存的原则,在潜在的解决方案种群中逐次产生一个近似最优的方案。遗传算法的每一代根据个体在问题域中的适应度值和从自然遗传学中借鉴来的再造方法进行个体选择,产生一个新的近似解。这个过程导致种群中个体的进化,得到的新个体比原个体更能适应环境,就像自然界中的改造一样。本章将详细介绍遗传算法的发展、基本原理及其改进等,针对影响遗传算法的几个因素进行单独分析,并介绍遗传算法应用的领域范围。

遗传算法的术语来源于自然遗传学。1975 年由美国 J. Holland 教授提出的遗传算法(Genetic Algorithms, GA)是根据大自然中生物体进化规律而设计提出的计算模型,其模拟达尔文生物进化论的自然选择和遗传学机理的生物进化过程,通过数学的方式,利用计算机仿真运算,将问题的求解过程转换成类似生物进化中的染色体基因的交叉、变异等过程。遗传算法是一种通过模拟自然进化过程搜索最优解的方法,其已被人们广泛地应用于组合优化、机器学习、信号处理、自适应控制和人工生命等领域。

4.1　遗传算法的思想起源

我们知道,生命的基本特征包括生长、繁殖、新陈代谢和遗传与变异。生命是进化的产物,现代的生物是在长期进化过程中发展起来的。达尔文(1858 年)用自然选择(Natural Selection)来解释物种的起源和生物的进化,其自然选择学说包括以下三个方面。

(1) 遗传(Heredity)。

这是生物的普遍特征,"种瓜得瓜,种豆得豆",亲代把生物信息交给子代,子代按照所得信息而发育、分化,因而子代总是和亲代具有相同的或相似的性状。生物有了这个特征,物种才能稳定存在。

(2) 变异(Variation)。

亲代和子代之间及子代的不同个体之间总有些差异,这种现象称为变异。变异是随机发生的,变异的选择和积累是生命多样性的根源。

(3) 生存斗争和适者生存。

自然选择来自繁殖过剩和生存斗争。弱肉强食的生存斗争不断地进行,其结果是适者生存,具有适应性变异的个体被保留下来,不具有适应性变异的个体被淘汰,通过一代代的生存环境的选择作用,物种变异向着一个方向积累,于是性状逐渐和祖先不同,从而演变为新的物种。这种自然选择过程是一个长期的、缓慢的、连续的过程。

早在 20 世纪 40 年代,生物模拟就成为计算科学的一个组成部分。进化计算的研究起源于 20 世纪 50 年代,当时几个计算机领域的科学家独立地开始研究进化系统,使之将自然界中的进化过程引入工程研究领域,以解决工程优化问题。在用进化思想解决优化问题时,使用了进化过程中的遗传、选择等概念,并且把它们作为算子参与优化。

在 20 世纪 60 年代,Rechenberg 提出进化策略方法,在此以后,这一工作被 Schwefel 继续下去,该法可以用于优化实值函数。同一时代,Fogel、Owens 和 Walsh 提出了进化规则的方法,该方法把给定的问题描述成有限状态机制,通过施加进化算子达到优化的目的。

Holland 在 20 世纪 60 年代运用生物遗传和进化的思想来研究自然和人工自适应系统的生成及它们与环境的关系,他提出,在研究和设计人工自适应系统时,可以借鉴生物遗传的机制,以群体的方法进行自适应搜索,并且充分认识到交叉、变异等运算策略在自适应系统中的重要性。Holland 不但发现了基于适应度的人工遗传选择的基本作用,而且还对群体操作等进行了认真的研究。1965 年,他首次提出了人工遗传操作的重要性,并把这些应用于自然系统和人工系统中。1968 年,Holland 教授提出了遗传算法的基本定理——模式定理,从而奠定了遗传算法的理论基础。模式定理提出了群体中的优良个体的样本数将以指数级规律增长,因而从理论上保证了遗传算法是一个可以用来寻求最优可行解的优化过程。

1967 年,Bagley 的论文中首次提出遗传算法这一名称,他构造的遗传算法用来搜索下棋游戏评价函数中的参数集,这与我们现在应用的遗传算法很相似,其中利用了复制、杂交和变异等的遗传算子。他还敏锐地意识到在运算开始和结束阶段需要适当的选择率,为此还引入了适应度值比例机制,在算法的起始阶段减小选择的强制性,而在后期阶段增加选择的强制性,因而,在接近群体收敛时,在类似的高适应度值各串之间保持了适当的竞争。

1971 年,Hollstien 写的关于"遗传算法在纯数学优化应用"方面的第一篇学术论文,主要研究了 5 种不同的选择方法和 8 种交配策略。他采用 16 位二元串,其中两个 8 位参数是用无符号二进制整数或 Gray 码整数来编码的,群体规模为 16 个串,通过计算机实验结果,Hollstien 指出了由于群体规模太小($N=16$)而引起的问题。

1975 年,Holland 出版了第一本《自然系统和人工系统的自适应性》著作,书中建立了遗传算法的框架。算法中的每一代群体通过选择、交叉、变异形成新一代群体,完成一代的进化。每个染色体由于其中所含基因排列方式的不同而表现出不同性能。对每个性能的度量采用被称作适应度的函数,它体现了个体对环境的适应程度。

1975 年,DeJong 对 Holland 的模式定理进行了大量的纯数值函数优化计算实验,并得到具有指导意义的结论。例如,对于规模在 50～100 的群体,经过 10～20 代的进化,遗传算法都能以很高的概率找到最优解或近似最优解,同时定义了评价遗传算法性能的在线指标和离线指标。

20 世纪 80 年代,遗传算法进入了兴盛发展时期,在理论研究和应用研究方面都成了十分热门的课题,特别是遗传算法的应用研究显得格外活跃,它的应用领域扩大,而且遗传算法进行优化和规则学习的能力也显著提高。此外,一些新的理论和方法在应用研究中也得到了迅速的发展,这些无疑给遗传算法增添了新的活力。1983 年,Goldberg 将遗传算法应用于管道系统的优化和机器学习问题,通过研究管道系统,不仅用与实际系统相当的成本满足了供气要求,而且也发展了一套分层容错规则。

1989 年,Goldberg 出版专著《搜索、优化和机器学习中的遗传算法》。这本书全面完整地论述了遗传算法的基本原理及其应用,该书奠定了现代遗传算法的科学基础。

4.2　遗传算法的基本原理

4.2.1　遗传算法概述

遗传算法是 Holland 教授在 20 世纪 70 年代初受生物进化论的启发而提出的,它是基于自然选择原理发展起来的一种广泛应用的、高效的随机搜索与优化方法。达尔文阐述了自然选择原理的主要思想:自然界中的生物大量繁殖,由于遗传变异的存在,个体之间通常存在显著的差异。由于自然界物质的匮乏和自然环境的恶劣,生物个体为了生存而斗争,对环境适应性强的个体便能够生存繁殖下去,不适应环境的生物个体则会被环境淘汰,这就是"物竞天择,适者生存"的自然选择原理。生命是进化的产物,所有的生物都是长期进化的结果。

遗传算法模拟了生物进化的过程,首先会设置种群数量,产生一组初始解,然后开始在解空间进行搜索,种群中的每个个体都是一个解,对应生物进化中的"染色体",通过定义问题的"适应度函数"来评价染色体的优劣,再通过遗传算子,常用的选择、交叉和变异操作来产生下一代种群。经过若干代进化之后,算法收敛于表现最好的染色体,它可能是问题的最优解或次优解。标准遗传算法的流程图如图 4-1 所示。在求解较为复杂的组合优化问题时,相对于一些常规的优化算法,遗传算法能够较快获取表现较好的优化结果。

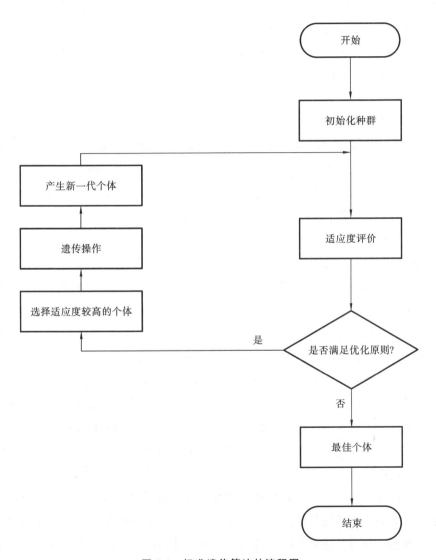

图 4-1 标准遗传算法的流程图

4.2.2　遗传算法的特点

遗传算法是一种借鉴生物界自然选择(Natural Selection)和自然遗传机制的随机搜索算法(Random Searching Algorithms)。它与传统的算法不同,大多数古典的优化算法是基于一个单一的度量函数(评估函数)的梯度或较高次统计的,以产生一个确定性的实验解序列;遗传算法不依赖于梯度信息,而是通过模拟自然进化过程来搜索最优解(Optimal Solution),它利用某种编码技术,作用于称为染色体的数字串,模拟由这些串组成的群体。遗传算法通过有组织的、随机的信息交换来重新组合那些适应性好的串,生成新的串的群体。

遗传算法具有如下优点。

(1) 对可行解的表示具有广泛性。遗传算法的处理对象不是参数本身,而是针对那些通过参数集进行编码得到的基因个体。此编码操作使得遗传算法可以直接对结构对象进行操作。所谓结构对象,泛指集合、序列、矩阵、树、图、链和表等各种一维或二维甚至多维结构形式的对象,这一特点使得遗传算法具有广泛的应用领域。

(2) 具有群体搜索特性,有很好的并行性。许多传统的搜索方法都是单点搜索的,这种点对点的搜索方法,对于多峰分布的搜索空间常常会陷于局部的某个单峰的极值点。相反,遗传算法采用的是同时处理群体中多个个体的方法,即同时对搜索空间中的多个解进行评估。这一特点使遗传算法具有较好的全局搜索性能,也使得遗传算法本身易于并行化。

(3) 不需要辅助信息。遗传算法仅用适应度函数的数值来评估基因个体,并在此基础上进行遗传操作。更重要的是,遗传算法的适应度函数不仅不受连续可微的约束,而且其定义域可以任意设定。对适应度函数的唯一要求是,编码必须与可行解空间对应,不能有死码。由于限制条件的缩小,遗传算法的应用范围大大扩展。

(4) 具有内在启发式随机搜索特性。遗传算法不是采用确定性规则,而是采用概率的变迁规则来指导它的搜索方向。概率仅仅是作为一种工具来引导其搜索过程朝着搜索空间的更优化的解区域移动。虽然看起来它是一种盲目搜索方法,实际上它有明确的搜索方向,并具有内在的并行搜索机制。

（5）遗传算法在搜索过程中不容易陷入局部最优，即使在所定义的适应度函数是不连续的、非规则的或有噪声的情况下，也能以很大的概率找到全局最优解。

（6）遗传算法采用自然进化机制来表现复杂的现象，能够快速可靠地求解非常困难的问题。

（7）遗传算法具有可扩展性，易于同别的技术混合。

4.2.3　遗传算法的基本步骤

遗传算法的基本步骤描述如下。

（1）编码。

编码是应用遗传算法时要解决的首要问题，也是设计遗传算法时的一个关键步骤。在遗传算法执行过程中，对不同的具体问题进行编码，编码的质量直接影响选择、交叉、变异等遗传运算的执行。在遗传算法中，把一个问题的可行解从其解空间转换到遗传算法所能处理的搜索空间的转换方法称为编码。

由于遗传算法应用的广泛性，迄今为止人们已经提出了许多种不同的编码方法，总体来说，可以分为三大类：二进制编码方法、符号编码方法和浮点数编码方法，本书采用的是二进制编码方法。

二进制编码方法是遗传算法中最主要的一种编码方法，它使用的编码符号集是由二进制符号 0 和 1 组成的，它所构成的个体基因型是一个二进制编码符号串。二进制编码符号串的长度与问题所要求的求解精度有关。

二进制编码有以下优点。

① 编码、解码操作简单易行。

② 交叉、变异等遗传操作便于实现。

③ 符合最小字符集编码原则。

④ 便于利用模式定理对算法进行理论分析，因为模式定理是以二进制编码为基础的。

（2）选择。

选择（Selection）又称复制（Reproduction），是在群体中选择生命力强的个体产生新的群体的过程。遗传算法使用选择算子（Reproduction Operator，又称为复制算子)来对群体中的个体进行优胜劣汰操作:根据每个个体的适应度值大小进行选择,适应度较高的个体遗传到下一代群体中的概率较大;适应度较低的个体遗传到下一代群体中的概率较小。这样就可以使得群体中个体的适应度值不断接近最优解。选择操作建立在对个体的适应度进行评价的基础之上。进行选择操作的主要目的是避免有用遗传信息的丢失,提高全局收敛性和计算效率。选择算子的确定直接影响遗传算法的计算结果。选择算子确定不当,会造成群体中相似度值相近的个体增加,使得子代个体与父代个体相近,导致进化停止不前;或使适应度值偏大的个体误导群体的发展方向,使遗传失去多样性,产生早熟问题。

本章采用的选择算子是轮盘赌选择(Roulette Wheel Selection)。轮盘赌选择方法是一种回放式随机采样方法。所有选择都是从当前种群中根据个体的适应度值,按某种准则挑选出好的个体进入下一代种群的。每个个体进入下一代的概率就等于它的适应度值与整个种群中个体适应度值和的比例,适应度值越高,被选中的可能性就越大,进入下一代的概率就越大。每个个体就像圆盘中的一个扇形部分,扇面的角度和个体的适应度值成正比,随机拨动圆盘,当圆盘停止转动时,指针所在扇面对应的个体被选中,轮盘赌式的选择方法由此得名。图4-2所示的为轮盘赌选择示意图。

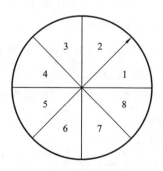

图4-2　轮盘赌选择示意图

(3) 交叉。

在生物的自然进化过程中,两个同源染色体通过交配而重组,并形成新的染色体,从而产生新的个体或物种。交配重组是生物遗传和进化过程中的一个主要环节。为模仿这个环节,遗传算法中使用交叉算子来产生新的个体。

交叉(Crossover)又称重组(Recombination),是指按较大的概率从群体中选择两个个体,交换两个个体的某个或某些位。交叉运算产生子代,子代继承了父代的基本特征。交叉算子的设计包括如何确定交叉点位置和如何进行部分基因交换两个方面的内容。遗传算法中所谓的交叉运算,是指对两个相互配对的染色体按某种方式相互交换其部分基因,从而形成两个新的个体。交叉运算是遗传算法区别于其他进化运算的重要特征,它在遗传算法中起着关键作用,是产生新个体的主要方法。

本文采用的交叉方法是单点交叉。单点交叉(One-point Crossover)又称为简单交叉,它是指在个体编码串中只随机设置一个交叉点,然后在该点相互交换两个配对个体的部分染色体。

单点交叉的具体执行过程如下(见图 4-3)。

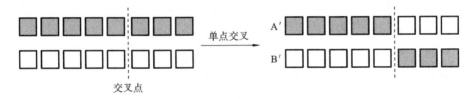

图 4-3　单点交叉示意图

① 对个体进行两两随机配对,若群体大小为 M,则共有[$M/2$]对相互配对的个体组。

② 对每一对相互配对的个体,随机设置某一基因座之后的位置为交叉点,若染色体的长度为 N,则共有 $N-1$ 个可能的交叉点位置。

③ 对每一对相互配对的个体,依设定的交叉概率在其交叉点处相互交换两个个体的部分染色体,从而产生两个新的个体。

(4)变异。

在生物的遗传和自然进化过程中,其细胞分裂复制环节有可能会因为某些偶然因素的影响而产生一些复制差错,这样会导致生物的某些基因发生某种变异,从而产生新的染色体,表现出新的生物性状。遗传算法模仿生物遗传和进化过程中的变异环节。变异(Mutation)是指以较小的概率对个体编码串上的某个或某些位值进行改变,如二进制编码中的"0"变为"1","1"变为"0",进而生成新个体。

在遗传算法中也引入了变异算子来产生新的个体。遗传算法中所谓的变异运算,是指将个体染色体编码串中的某些基因座上的基因值用该基因座的其他等位基因来替换,从而形成一个新的个体。从遗传运算过程中产生新个体的能力方面来说,变异本身是一种随机算法,但与选择和交叉算子结合后,能够避免由于选择和交叉运算而造成的某些信息丢失,保证遗传算法的有效性。交叉运算是产生新个体的主要方法,它决定了遗传算法的全局搜索能力;而变异运算只是产生新个体的辅助方法,但它也是必不可少的一个步骤,因为它决定了遗传算法的局部搜索能力。交叉算子与变异算子相互配合,共同完成对搜索空间的全局搜索和局部搜索,从而使得遗传算法能够以良好的搜索性能完成最优化问题的寻优过程。

在遗传算法中使用变异算子主要有以下两个目的。

① 改善遗传算法的局部搜索能力。

遗传算法使用交叉算子已经从全局的角度出发找到了一些较好的个体编码结构,它们已接近或有助于接近问题最优解。

但仅使用交叉算子无法对搜索空间的细节进行局部搜索。这时若再使用变异算子来调整个体编码串中的部分基因值,就可以从局部的角度出发使个体更加逼近最优解,从而提高遗传算法的局部搜索能力。

② 维持群体的多样性,防止出现早熟现象。

变异算子用新的基因值替换原有基因值,从而可以改变个体编码串的结构,维持群体的多样性,这样有利于防止出现早熟现象。变异算子使得遗传算法在接近最优解邻域时能加速向最优解收敛,并可以维持群体多样性,避免未成熟收敛。

本章中的变异算子采用基本位变异方法。基本位变异(Simple Mutation)的具体操作过程如下。

① 对个体的每一个基因座,以变异概率指定其为变异点。

② 对每一个指定的变异点,对其基因值做取反运算或用其他等位基因值来代替,从而产生新一代的个体。

(5) 适应度函数。

适应度(Fitness)是用来度量群体中各个个体在优化计算中能达到或接近于最优解,或有助于找到最优解的优良程度。适应度较高的个体遗传到下一代的概率较大;而适应度较低的个体遗传到下一代的概率相对小一些。

度量个体适应度的函数称为适应度函数(Fitness Function)。适应度函数也称为评价函数,是根据目标函数确定的用于区分群体中个体好坏的标准,是算法演化过程的驱动力,也是进行自然选择的唯一依据。适应度函数总是非负的,任何情况下都希望其值越大越好。而目标函数可能有正有负,即有时求最大值,有时求最小值,因此需要在目标函数与适应度函数之间进行变换。为了变更选择压力,也需要对适应度函数进行变换。

评价个体适应度的一般过程如下。

① 对个体编码串进行解码处理后,可得到个体的表现型。

② 由个体的表现型可计算出对应个体的目标函数值。

③ 根据最优化问题的类型,由目标函数值按一定的转换规则求出个体的适应度。

（6）设置控制参数。

遗传算法中的控制参数选择非常关键,控制参数的选取不同会对遗传算法的性能产生较大的影响,影响到整个算法的收敛性。这些参数包括群体规模 N、二进制编码长度、交叉概率 P_c、变异概率 P_m 等。

优化过程中,交叉概率始终控制着遗传运算中起主导作用的交叉算子。不适合的交叉概率会导致意想不到的后果。交叉概率控制着交叉操作被使用的频度。较大的交叉概率可使各代充分交叉,但群体中的优良模式遭到破坏的可能性增大,以致产生较大的代沟,从而使搜索走向随机化;交叉概率越低,产生的代沟就越小,这样将保持一个连续的解空间,使找到全局最优解的可能性增大,但进化的速度就越慢;若交叉概率太低,就会使得更多的个体直接复制到下一代,遗传搜索可能陷入停滞状态。一般建议 P_c 的取值范围是 0.4～0.99。

变异运算是对遗传算法的改进,对交叉过程中可能丢失的某种遗传基因进行修复和补充,也可防止遗传算法过快收敛到局部最优解。

变异概率控制着变异操作被使用的频度。变异概率取值较大时,虽然能够产生较多的个体,增加了群体的多样性,但也有可能破坏掉很多好的模式,使得遗传算法的性能近似于随机搜索算法的性能;若变异概率取值太小,则变异操作产生新个体和抑制早熟现象的能力就会较差。

实际应用中发现:当变异概率 P_m 很小时,解群体的稳定性好,一旦陷入局部极值就很难跳出来,易产生未成熟收敛;而增大 P_m 的值（如 0.08）,可破坏解群体的同化,使解空间保持多样性,搜索过程可以从局部极值点跳出来,收敛到全局最优解。一般建议的取值范围是 $0.0001\sim0.1$。

交叉运算是产生新个体的主要方法,它决定了遗传算法的全局搜索能力,而变异操作只是产生新个体的辅助方法,但它决定了遗传算法的局部搜索能力。交叉算子和变异算子相互配合,共同完成对搜索空间的全局搜索和局部搜索,从而使得遗传算法能够以良好的搜索性能完成最优问题的寻优过程。

群体规模(Population)的大小直接影响遗传算法的收敛性或计算效率。规模过小,容易收敛到局部最优解;规模过大,会造成计算速度降低。群体规模可以根据实际情况在 $10\sim200$ 之间选定。

4.3 遗传算法及其改进

众多专家学者在对遗传算法进行不断地研究,遗传算法有许多优点,但目前存在的问题依然很多。

(1)适应度值标定方式多种多样。没有一个简洁、通用的方法,不利于遗传算法的使用。

(2)遗传算法有早熟现象。即很快收敛到局部最优解而不是全局最优解,这是迄今为止最难处理的关键问题。

(3)快要接近最优解时在最优解附近摆动,收敛较慢。

遗传算法包含如下 5 个基本要素:参数编码、初始群体的设定、适应度函数的设计、操作设计和控制参数设定。接下来将从初始群体的产生,选择算子的改进,遗传算法重要参数的选择,适应度函数的选取,进化过程中动态调整子代个体,小范围竞争择优的交叉、变异操作等几个方面对标准遗传算法进行改进。

(1)初始群体的产生。

初始群体的特性对计算结果和计算效率均有重要影响。要实现全局最优解,初始群体在解空间中应尽量分散。基本遗传算法是按预定或随机方法产生一组初始群体的,这样可能导致初始群体在解空间分布不均匀,从而影响算法的性能。要得到一个好的初始群体,可以将一些实验设计方法,如均匀设计或正交设计与遗传算法相结合。其原理为:首先根据所给出的问题构造均匀数组或正交数组,然后执行如下算法产生初始群体。

① 将解空间划分为 S 个子空间。

② 量化每个子空间,运用均匀数组或正交数组选择 M 个染色体。

③ 从 $M \times S$ 个染色体中,选择适应度函数值最大的 N 个作为初始群体。

这样可保证初始群体在解空间均匀分布。

另外,初始群体的各个个体之间应保持一定的距离,并定义相同长度的以某一常数为基的两个字符串中对应位不同的数量为两者间的广义海明距离。要求入选群体的所有个体之间的广义海明距离必须大于或等于某个设定值。初始群体采用这种方法产生能保证随机产生的各个个体间有较明显的差别,使它们能均匀分布在解空间中,从而增加获取全局最优解的可能。

(2)选择算子的改进。

在标准遗传算法中,常根据个体的适应度大小采用"轮盘赌选择"策略。该策略实现简单,但容易引起"早熟收敛"和"搜索迟钝"问题。有效的解决方法是采用有条件的最佳保留策略,即有条件地将最佳个体直接传递到下一代或至少等同于前一代,这样能有效防止"早熟收敛"。

(3)遗传算法重要参数的选择。

遗传算法中需要选择的参数主要有:染色体长度 l、群体规模 N、交叉概率 P_c 和变异概率 P_m 等,这些参数对遗传算法的性能影响很大。

染色体长度的选择对二进制编码来说取决于特定问题的精度,存在定长和变长两种方式。

群体规模通常取 $20 \sim 200$。一般来说,求解问题的非线性越大,N 就应该越大。

交叉操作和变异操作是遗传算法中两个起重要作用的算子。通过交叉和变异,一对相互配合又相互竞争的算子的搜索能力可得到飞速提高。交叉操作的作用是组合交叉两个个体中有价值的信息产生新的后代,它在群体进化期间大大加快了搜索速度;变异操作的作用是保持群体中基因的多样性,偶然的、次要的(交叉率取很小)起辅助作用。在遗传算法的计算过程中,根据个体的具体情况,自适应地改变 P_c 和 P_m 的大小,将进化过程分为渐进和突变两个不同阶段:渐进阶段强交叉,弱变异,强化优势型选择算子;突变阶段弱交叉,强变异,弱化优势型选择算子。这对提高算法的计算速度和效率是有利的。

（4）适应度函数的选取。

遗传算法中采用适应度函数值来评估个体性能并指导搜索,基本不用搜索空间的知识,因此,适应度函数的选取相当重要。性能不良的适应度函数往往会导致"骗"问题。

适应度函数的选取标准是,具有规范性（单值、连续、严格单调）、合理性（计算量小）、通用性。

Vasilies Retridis 提出在解约束优化问题时采用变化的适应度函数的方案。将问题的约束以动态方式合并到适应度函数中,即形成一个具有变化的惩罚项的适应度函数,用来指导遗传搜索。在那些具有许多约束条件而导致产生一个复杂搜索超平面的问题中,该方案能明显地以较大的概率找到全局最优解。

（5）进化过程中动态调整子代个体。

遗传算法要求在执行过程中保持群体规模不变。但为了防止早熟收敛,在进化过程中可对群体中的个体进行调整,包括引入移民算子、过滤相似个体、动态补充子代新个体等。

移民算子是避免早熟的一种好方法。在移民的过程中不仅可以加速淘汰差的个体,而且可以增加解的多样性。所谓的移民机制,就是在每一代进化过程中以一定的淘汰率（一般取 15%～20%）将最差个体淘汰,然后用产生的新个体代替。

为了加快收敛速度,可采用滤除相似个体的操作,减少基因的单一性。删除相似个体的过滤操作为:对子代个体按适应度排序,依次计算适应度差值小于门限 delta 的相似个体间的广义海明距离（相同长度的以 a 为基的两个字符串中对应位不相同的数量称为两者间的广义海明距离）。如果同时满足适应度差值小于门限 delta,广义海明距离小于门限 d,就滤除其中适应度较小的个体。delta、d 应选取适当,以提高群体的多样性。

过滤操作后,需要引入新个体。从实验测试中发现,如果采用直接随机生成的方式产生新个体,适应度值都太低,而且对算法的全局搜索性能提高并不显著（例如,对于复杂的多峰函数,很难跳出局部最优点）。因此,可使用从优秀的父代个体中变异产生的方法。该方法将父代中适应度较高的 m 个个体随机进行若干次变异,产生出新个体,加入子代对个体。这些新个体继承了父代较优个体的模式片断,并产生新的模式,易于与其他个体结合生成新的较优子代个体。而且增加的新个体的个数与过滤操作删除的数量有关。如果群体基因单一性增加,则被滤除的相似个体数目增加,补充的新个体数目随之增加;反之,则只少量滤除相似个体,甚至不滤除,补充的新个体数目也随之减少。这样,就能动态解决群体由于缺乏多样性而陷入局部解的问题。

(6) 小范围竞争择优的交叉、变异操作。

从加快收敛速度、提高全局搜索性能两方面考虑,加入小范围竞争、择优操作。其方法是,将某一对父母 A、B 进行 n 次(3~5 次)交叉、变异操作,生成 $2n$ 个不同的个体,选出其中一个最高适应度的个体,送入子代对个体中。反复随机选择父母对,直到生成设定个数的子代个体为止。这种方法实质是在相同父母的情况下,预先加入兄弟间的小范围的竞争择优机制。另一方面,在标准遗传算法中,一对父母 X、Y 经遗传算法操作后产生一对子代个体 xy_1、xy_2、x_1y、x_2y,随后都被放入子代对个体,当进行新一轮遗传操作时,xy_1、x_1y 可能作为新的父母对进行交叉配对(即"近亲繁殖")而加入小范围竞争择优的交叉、变异操作,减小了在下一代中出现这一问题的概率。

4.4　遗传算法的应用

自 20 世纪 90 年代以来,遗传算法提供了一种求解复杂系统优化问题的通用框架,它不依赖于问题具体的领域,对问题的种类有很强的鲁棒性,取得了一些令人信服的结果,所以引起了很多人的关注,进而得到了深入研究,并在各领域快速发展和广泛应用。在这个时期,国际遗传算法会议(ICGA)及以遗传算法的理论基础为中心的学术会议(FOGA)等的论文中反映了遗传算法最新发展和动向,并以《遗传算法手册》为开端涌现出一些专著。

目前,遗传算法在生物技术和生物学、化学和化学工程、计算机辅助设计、物理学和数据分析、动态处理、建模与模拟、医学与医学工程、微电子学、模式识别、人工智能、生产调度、机器人学、开矿工程、电信学、售货服务系统等领域都得到应用,成为求解全局优化问题的有力工具之一。

(1) 函数优化(Function Optimization)。

这是遗传算法的经典应用领域,也是对遗传算法进行性能评价的常用算例。可以用各种各样的函数来验证遗传算法的性能。对于一些非线性、多模型、多目标的函数优化问题,使用遗传算法可得到较好的结果。

(2)组合优化。

随着问题规模的增大,组合优化问题的搜索空间也急剧扩大,有时在目前的计算机上用枚举法很难甚至不能求出问题的最优解,对于这类问题,人们已意识到应把主要精力放在寻求其满意解上,而遗传算法就是寻求这种满意解的最佳工具之一。实践证明,遗传算法对于组合优化中的 NP 完全问题非常有效。

(3)生产调度问题。

采用遗传算法能够解决复杂的生产调度问题。在单件生产车间调度、流水线生产车间调度、生产规划、任务分配等方面,遗传算法都得到了有效的应用。

(4)自动控制。

在自动控制领域中有很多与优化相关的问题需要求解,遗传算法已在其中得到了初步应用,并显示出了良好的效果。例如,基于遗传算法的模糊控制器优化设计,用遗传算法进行航空控制系统的优化,使用遗传算法设计空间交会控制器等。

(5)机器人学。

机器人是一类复杂的难以精确建模的人工系统,而遗传算法的起源正是对人工自适应系统的研究,所以机器人学理所当然地成为遗传算法的一个重要领域。例如,遗传算法已经在移动机器人路径规划、机器人逆运动学求解等方面得到很好的应用。

(6)图像处理。

图像处理是计算机视觉中的一个重要领域,在图像处理过程中,如扫描、特征提取、图像分割等不可避免地会存在一些误差,这些误差会影响图像处理的效果。如何使这些误差最小是使计算机视觉达到实用化的重要要求,遗传算法在这些图像处理的优化计算方面找到了用武之地。

(7)遗传编程。

Koza 发展了遗传程序设计的概念,他使用了用 LISP 语言所表示的编码方法,算法基于对一种树型结构所进行的遗传操作来自动生成计算机程序。

(8)机器学习。

基于遗传算法的机器学习,特别是分类器系统,在很多领域中都得到了应用。例如,遗传算法被用于学习模糊控制规则,利用遗传算法来学习隶属函数等。基于遗传算法的机器学习可用于调整人工神经网络的连接权,也可用于神经网络结构的优化设计。分类器系统在多机器人路径规划系统中得到了成功的应用。

(9) 数据挖掘(Data Mining)。

数据挖掘是指从大型数据库或数据仓库中提取隐含的、未知的、非平凡的及有潜在应用价值的信息或模式,它是数据库研究中的一个很有应用价值的新领域。由于遗传算法的特点,遗传算法可用于数据挖掘中的规则开采。

(10) 信息战。

遗传算法在信息战领域得到了初步应用。使用遗传算法能够进行雷达目标识别、数据挖掘、作战仿真、雷达辐射源识别、雷达天线优化设计、雷达目标跟踪、盲信号处理、空间谱估计、天线设计、网络入侵检测、情报分析中的数据挖掘和数据融合、信息战系统仿真、作战效能评估、作战辅助决策等。

第 5 章
基于变异因子的
蚁群算法的测试
用例集约简

本章在蚁群算法的基础上,提出一种基于变异因子的蚁群算法,用于解决测试用例集约简问题,其特点如下。

(1)在原始用例集规模较大的情况下,基于变异因子的蚁群算法与已有的算法(如贪心算法、遗传算法等)相比,具有求解速度快的特点。

(2)通过选取适当的变异因子(取较小的变异因子,扩大求解范围),算法能求出比较精确的解。

(3)该算法是可以在求解速度和求解精度之间寻找平衡点的一种算法。

仿真实验结果表明,基于变异因子的蚁群算法用于测试用例集约简在满足覆盖度和原始用例集相同的条件下,能显著减少测试用例集中的用例个数且降低测试运行代价,提高了测试效率,降低了测试成本,并具备通用性。

在现代软件开发中,软件系统由于需求的变更演化速度越来越快。

在每次变更后,非常有必要对系统进行回归测试以确保修改的正确性且不会给系统的其他部分带来负面的影响。

同时,还要补充新的测试用例来测试新的或被修改了的功能。这样,随着系统的不断更新,测试用例集中所包含的用例个数也越来越多,回归测试成本也随之急剧增加。

为了尽量减少回归测试的费用,在做测试用例集的约简时,其目标不仅是减少用例的个数,还必须考虑测试用例的运行代价,而每个测试用例的运行代价是不相等的。为了解决此问题,人们提出了许多种方法,如贪心算法、遗传算法等,但这些方法都相对存在着一些不足,如遗传算法局部搜索能力差并会出现早熟现象,而贪心算法存在求解结果效率低的问题。

为了弥补以上算法的不足,本章提出了一种基于变异因子的蚁群算法进行测试用例集约简。实验结果表明,这种约简算法能有效约简测试用例集,并大幅度降低测试运行代价。

5.1　问题描述

考虑到每个测试用例的运行代价,现对测试用例集约简问题重新描述为:给出一个测试用例集 $T=\{t_1,t_2,\cdots,t_n\}$,每个测试用例 t_i 都有相应的测试运行代价 $\mathrm{Cos}(t_i)$ 和测试覆盖度 $\mathrm{Cov}(t_i)$;找到一个 T 的子集 T^* 满足 T^* 的测试运行代价 $\mathrm{Cos}(T^*)$ 最小,并且 T^* 的测试覆盖度 $\mathrm{Cov}(T^*)$ 等于 T 的测试覆盖度 $\mathrm{Cov}(T)$。这是一个 NP-complete 问题。T 称为原始用例集,T^* 称为约简用例集。

定义测试用例集 T 的测试运行代价 $\mathrm{Cos}(T)=\sum\limits_{t\in T}\mathrm{Cos}(t)$,测试用例集 T 的测试覆盖度 $\mathrm{Cov}(T)=\sum\limits_{t\in T}\mathrm{Cov}(t)$。该问题的数学模型可以描述为

$$\min\mathrm{Cos}(T^*)=\sum_{t\in T^*}\mathrm{Cos}(t) \tag{5-1}$$

$$\mathrm{s.\,t.}\begin{cases}\mathrm{Cov}(T^*)=\mathrm{Cov}(T)\\ T^*\subseteq T\end{cases}$$

　　为实现测试用例集约简,必须具备测试用例库、测试覆盖信息、测试运行代价信息、最小化算法。

　　可以用以下 4 个属性评价最小化技术:充分性、精确性、效益、算法的通用性,其中,充分性是前提,精确性和效益是关键,算法的通用性是意义。

5.2　基于变异因子的蚁群算法的测试用例集约简算法(TSR-ACA 算法)

5.2.1　基本蚁群算法的求解过程

基于蚁群算法的测试用例集约简问题的求解可以用图 5-1 描述。

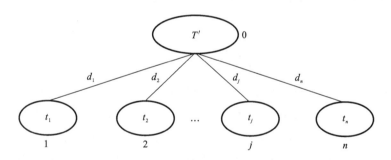

图 5-1　测试用例集约简问题的描述

　　设节点 0 代表约简后的测试用例集,节点 1~n 分别对应原始用例集中的 n 个用例。设从节点 0 到任意节点 $j(j \neq 0)$ 的路径的权值 $d_j = \mathrm{Cos}(t_j)/|\mathrm{Req}(t_j)|$。其中,$\mathrm{Cos}(t_j)$ 表示测试用例 t_j 的测试运行代价,$|\mathrm{Req}(t_j)|$ 表示测试用例 t_j 满足的测试需求个数。可以将节点 0 看作蚂蚁寻优的起点,任一节点 j 看作可供蚂蚁选择的食物源,d_j 可以理解为从寻优起点到食物源的距离。对于任意一只蚂蚁 k 从节点 0 转移到节点 $j(j \neq 0)$ 的概率为

$$P_{0j}^k = \frac{\tau_{0j}^\alpha \eta_{0j}^\beta}{\sum\limits_{j=1}^{n} \tau_{0j}^\alpha \eta_{0j}^\beta} \quad j \in \{1,2,\cdots,n\} \tag{5-2}$$

其中,τ_{0j}表示路径中留下的信息素强度,该参数表明了系统在从节点 0 转移到 j 的后天演化过程中的受益度;η_{0j}属于先天性的启发式,表示该转移对于蚂蚁 k 的吸引度,在求解测试用例集约简问题时,$\eta_{0j}=1/d_j$;$\alpha \geqslant 0$,为路径中信息素强度的重要性;$\beta \geqslant 0$,为吸引度的重要性。

测试用例集约简问题属于特例,每只蚂蚁从寻优起点(节点 0)出发只需要一步就可到达 1~n 当中的任意一个食物源。

5.2.2 蚁群算法中变异因子的引入

真实的蚁群在寻优时,蚂蚁会以较大的概率朝着概率值较大的方向移动,但也有蚂蚁会选择别的方向。正是这种特性使得真实的蚁群既能快速找到最佳路径,又不会限于局部最优。这里,在测试用例集约简问题的求解中使用了变异因子来模仿真实蚁群的这种特性。

令 mut 为变异系数,设蚂蚁 k 将要从节点 0 转移到的目标节点为 j,则 j 由下面的式子决定:

$$j=\begin{cases} p & \text{ran} \leqslant \text{mut} \\ m & \text{else} \end{cases} \tag{5-3}$$

其中,m 为随机选择的其他目标节点;目标节点 p 满足 $\tau_{0p}^{\alpha}\eta_{0s}^{\beta}=\max\{\tau_{0p}^{\alpha}\eta_{0s}^{\beta}\}$,$s \in \{1,2,\cdots,n\}$;ran 取[0,1]上的随机小数;mut 取[0.5,1]上的某一常数。

这样,j 取节点 p 的概率比随机选择节点 m 的可能性要大。当某只蚂蚁 k 选中了某个食物源节点 j 时,则要将该节点对应的用例 t_j 添加到节点 0(即集合 T' 中),并删除节点 j 和用例 t_j 满足的测试需求。接着对剩下的食物源节点继续进行选择、删除,直到需求集 R 为空,这时蚂蚁 k 在这次迭代中的工作也就结束了。

5.2.3 信息素的更新

在算法的每次迭代中,当整个蚁群中的所有人工蚂蚁均已构造出问题的解时,每条路径上的信息素将被更新。信息素更新包括两个方面:首先,每条路径上的信息素随着时间的推移,将会自然挥发掉一部分;此外,那些蚂蚁将会在经过的那些路径上留下部分信息素。

　　与传统蚁群算法不同,本章算法在信息素更新过程中采用了最大最小蚁群算法。目的是通过防止信息素痕迹之间的相对差异变得太大来支持对搜索空间更大范围的搜索。这种算法的核心是设置了信息素的下界和上界:τ_{min}和$\tau_{max}(0 < \tau_{min} < \tau_{max})$。在算法初始,设每条路径上的信息素痕迹均为正常数 τ_{min}(即 $\tau_{0j} = \tau_{min}$)。整个测试用例集约简问题的求解过程是由多只蚂蚁完成的。每当一只蚂蚁从$\{T-T'\}$集合中选中食物源 j 时,如果测试需求集 R 不为空,就将对应的用例 t_i 添加到集合 T' 中,否则将结束这只蚂蚁在本次迭代的求解过程,如此循环直到所有蚂蚁均完成求解,便结束了这次迭代的整个求解过程。这时记录最优解,然后对每只蚂蚁经过的路径进行信息素强度更新,其信息素强度更新的方程式为

$$\Delta \tau_{0j} = Q/\text{Cos}(T') \quad j \in \{1, 2, \cdots, n\} \tag{5-4}$$

其中,Q 为正常数,$\text{Cos}(T')$ 为该只蚂蚁得到的约简后用例集的运行代价。则每条路径上信息素求值的算法框架为

　　　　if $(\tau_{0j} < \tau_{min})$ then

　　　　　　$\tau_{0j} = \tau_{min}$

　　　　else if $(\tau_{0j} > \tau_{max})$ then

　　　　　　$\tau_{0j} = \tau_{max}$

　　　　else

　　　　　　$\tau_{0j} = (1-\rho)\tau_{0j} + \Delta \tau_{0j}$

　　　　end if

其中,$\rho \in [0, 1]$ 为信息素的挥发系数。

5.2.4　TSR-ACA 算法中的主要参数值

　　蚁群算法的运算结果在很大程度上取决于参数值的选择。

　　为对蚁群算法参数值进行优化,首先利用仿真实验分析讨论参数值的选择对算法运行结果的影响,并据此确定参数的初始合理范围。由于算法中的参数选择尚无严格的理论依据,至今还没有确定最优参数的数学解析方法,对于算法中的参数 α、β、ρ、M(蚂蚁的总个数)、Q(信息素更新方程式的正常数)等,则主要是基于统计方法确定其取值范围。本节暂时采用一些文献中的传统方法得出参数的一般合理范围,然后在此基础之上进一步进行优化。

(1) 启发式因子 α。

蚁群算法中,参数 α 又称为启发式因子,在公式(5-2)中作为信息素强度 τ_{0j} 的幂次方。容易推断出,α 的取值越大,概率公式的函数值也就越大。因此,α 的大小实际上反映了路径信息素的相对重要性。α 越大,蚂蚁选择以前走过路径的可能性就越大,搜索的随机性变小;反之,则容易使蚁群的搜索过早陷于局部最优。

(2) 期望值因子 β。

蚁群算法中,参数 β 又称为期望启发式因子或期望值因子,在公式(5-2)中作为吸引度 η_{0j} 的幂次方。不难得出,β 的取值越大,测试运行代价越小,且满足测试需求多的测试用例被选择的概率越大。因此,期望启发式因子 β 体现了启发式信息在指导蚁群搜索过程中的相对重要性,其大小反映了在寻优过程中先验性、确定性因素的作用强度。β 越大,则越容易选择局部的最小运行代价。从某种程度上来说,可以加快算法的收敛速度,但会导致蚁群搜索最优路径的随机性减弱,易于陷入局部最优。

(3) 信息素挥发因子 ρ。

蚁群算法中的人工蚂蚁具有释放信息素的功能,但随着时间的推移,以前留下的信息素会逐渐消失。在前面的定义中,ρ 为信息素挥发因子,那么 $1-\rho$ 就为信息素持久因子。信息素挥发因子直接关系到蚁群算法的全局搜索能力及其收敛速度;而持久因子反映了蚂蚁个体之间互相影响的强弱。当 ρ 较大时,会使没有被搜索到的路径上的信息素减小(趋于0),这样会使这些路径几乎不能被搜索到,从而降低算法的全局搜索能力。同时也会使以前搜索过的路径被再次选择,也会影响到算法的随机性能。反之,ρ 较小时,可以提高算法的随机性和全局搜索能力,但又会使算法的收敛速度降低。

α 和 β 分别决定着信息素和局部启发信息的相对重要程度。在蚁群搜索中,它们各自所起的作用相互产生制衡。α 的大小反映了蚁群在路径搜索中随机性因素作用的强度,β 的大小反映了蚁群在路径搜索中确定性因素作用的强度。用参数 ρ 表示信息挥发度,ρ 是介于$[0,1]$之间的值;而 $1-\rho$ 表示信息残留度。

为了对参数 α 和 β 取优值,现做如下仿真分析。

实验所用的实例即为本书讨论的测试用例集约简问题,初始用例集 T、测试需求集 R 之间满足关系表 S,每个测试用例的测试运行代价都是通过程序自动生成的。设定初始用例集的用例个数为 49,测试需求集的需求个数为 55,每个测试用例的运行代价是 0~10 之间的随机数。实验的相关参数取值为:最大迭代次数为 50 次,信息素挥发因子 $\rho=0.5$,蚂蚁的总个数 M 设为与原始用例集中用例的个数相同。信息素的取值范围被限制在 $[\tau_{min},\tau_{max}]$ 范围内,各路径初始化信息素浓度为 τ_{min},设 $\tau_{min}=1,\tau_{max}=5$。信息素更新方程式的正常数 Q 设为 5,变异因子(变异系数)mut=0.75。现取 α 和 β 的 24 种不同组合,运算结果为不同组合值得到的最优解,进行仿真比较,结果见表 5-1。

表 5-1   参数 α 和 β 取不同组合值获得的最优解比较

α	β			
	0	1	2	3
0	15.8(50)	3.1(4)	3.1(4)	3.1(4)
0.5	7.1(48)	3.1(3)	3.1(2)	3.1(2)
1	13.8(50)	3.1(2)	3.1(2)	3.1(2)
2	6.3(25)	2.9(8)	2.9(11)	3.1(2)
3	15(50)	2.9(3)	2.9(8)	3.1(2)
5	20.3(50)	2.9(11)	2.9(12)	3.1(2)

表 5-1 中,括号里的数字代表迭代次数,如值 2.9(3)表示:当 $\alpha=3,\beta=1$ 时,经过 3 次迭代得到约简后的测试用例集的测试运行代价是 2.9。

由表 5-1 所示的实验结果不难看出,蚁群算法中,启发式因子 α 和期望值因子 β 都对算法性能有较大的影响。α 过小,收敛速度慢,而且容易陷入局部最优解;α 值过大,相当于给予信息素的作用增强,这样加强了局部最优路径上的正反馈性,算法会出现过早收敛现象。综合以上所述,当 $\alpha\in[1.0,4.01]$ 时,蚁群算法的综合性能较好。

β 过小,将导致蚂蚁群陷入单纯的随机搜索,此时一般很难找到最优解;β 过大($\beta\geq5.5$),虽然选择的测试用例运行代价很小,但其收敛性能有变差的趋势。结合本章的实验数据并考虑收敛速度,可以得出,当 $\beta\in[1.5,5.5]$ 时,蚁群算法的综合性能较好。

为了对参数 ρ 取优值,现做如下仿真分析:参数 α 和 β 分别取值为 3 和 1,其他参数值不变。表 5-2 中的结果为运行 2 次后获得的最优解。

表 5-2　信息素挥发度 ρ 对算法的影响

ρ	第 1 次运行结果		第 2 次运行结果	
	最优解	迭代次数	最优解	迭代次数
1.0	2.9	10	3.1	10
0.9	3.1	3	2.9	5
0.7	2.9	3	2.9	5
0.5	3	11	2.9	9
0.3	2.9	4	2.9	20
0.15	3.1	2	2.9	5
0.1	3.1	3	3.1	2
0.08	3.1	2	3.1	3
0.05	3.1	3	3.1	2
0.02	3.1	3	3.1	2
0.00	3.1	2	3.1	2

由表 5-2 不难分析出,ρ 的取值对算法的结果影响较大。当 ρ 的取值小于 0.3 时,收敛速度较快但路径结果值较差。当 ρ 大于 0.8 时,虽然结果值较理想,但其收敛时间呈几何级数增长,不具有实用性。当 $\rho \in [0.3, 0.7]$ 时,其综合性能较为理想。

本章考虑了三个重要参数 α、β、ρ 对算法性能的组合影响,没有对参数 M、Q 进行仿真实验比较。

5.2.5　TSR-ACA 算法描述

根据以上介绍,现将利用基于变异因子的蚁群算法解决测试用例约简问题的算法框架描述如下。

步骤 1　各参数(迭代次数 NC、信息素下界 τ_{min}、信息素上界 τ_{max}、α、β、ρ、

蚂蚁的总个数 M、信息素更新方程式的正常数 Q)及循环变量初始化,设置 T' 为空集,给出初始用例集 T、测试需求集 R、T 与 R 之间满足的关系 S,以及每个测试用例的测试运行代价 $\mathrm{Cos}(t_i)$。

步骤 2 第 k 只蚂蚁寻求解集合。

① 计算第 k 只蚂蚁从节点 0 到 $\{T-T'\}$ 中对应的各目标节点的最大概率值;

② 若蚂蚁 k 未发生变异,则向最大概率对应的目标节点 j 移动,即将节点 j 对应的测试用例 t_j 添加到集合 T' 中,然后将用例 t_j 满足的测试需求从 R 中删除;否则,随机选择其他 m 节点(将节点 m 对应的测试用例 t_m 添加到集合 T' 中),然后将用例 t_m 满足的测试需求 $\mathrm{Req}(t_m)$ 从 R 中删除。

步骤 3 若测试需求集 R 不为空,则返回步骤 2;否则记录第 k 只蚂蚁求得的解集合,$k=k+1$,若 k 不大于蚂蚁总数量,T' 清空后返回步骤 2。

步骤 4 一次迭代完成后要做的工作。

比较所有蚂蚁求得的解集合,记录当前最优解,并根据信息素更新方程式对每只蚂蚁所走过的路径更新其信息素强度,求出各路径的信息素值。

步骤 5 若 NC 还未达到最大迭代次数且解的寻优值还在变化,则 NC＝NC+1,$k=1$,转步骤 2;否则,输出最优解,终止程序。

5.3   仿真实验对比

为了验证基于变异因子的蚁群算法约简测试用例集的有效性,同时与其他算法(贪心算法、遗传算法)进行比较,用 C++语言开发了一个简单的网上书店 Web 程序进行实验,设计了 110 个原始用例,并将每个用例运行时耗费的时间作为该用例的测试运行代价,把每个用例的块覆盖度作为其测试覆盖度。

从 3 个方面来评价算法的精确性和效益:约简用例集的大小 $|T^*|$、约简用例集在测试运行代价上的降低幅度 Reduce 及算法的运行时间 Time。其中,运行代价降低幅度的计算方式为:$\mathrm{Cov}(T^*)/\mathrm{Cov}(T) \times 100\%$。在实验中,取 $Q=1$,$C=0.5$,$\rho=0.7$,$\alpha=0.4$,$\beta=0.6$,$\mathrm{mut}=0.8$,启动 10 只蚂蚁,得到的实验结果如表 5-3 所示。

表 5-3　几种测试用例集约简算法的结果比较

算法	$|T^*|$	Reduce/(%)	Time/ms
贪心算法	92	16	12
遗传算法	78	29	88
本章算法	69	37	42

　　以上结果表明,采用基于变异因子的蚁群算法的测试用例集约简效率明显优于贪心算法和遗传算法的。

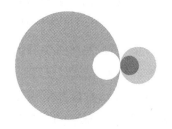

第6章
基于遗传蚁群算法
的测试用例集约简

为解决测试用例集的约简问题,本章在分析问题特征的基础上,建立了问题的数学模型,提出了将遗传算法和蚁群算法结合的遗传蚁群算法来求测试运行代价最小且能覆盖所有测试需求的约简测试用例集。所提算法首先利用了遗传算法的全局搜索能力得到优化解集合,然后由解集合生成蚁群算法的初始信息素,再根据蚁群算法的正反馈性,快速得到最优解。通过与遗传算法和蚁群算法的结果进行比较,本章提出的算法在覆盖所有测试需求的条件下,能更有效地对测试用例集进行约简,大大节省测试成本。

需求的变更使得软件系统的更新速度越来越快。每次变更之后,为确保修改的正确性,必须对系统进行回归测试。因此,在原始测试用例集的基础上要补充新的测试用例来测试被修改了的模块。随着系统不断地更新,原始测试用例集中所包含的用例个数越来越多,导致回归测试的成本也急剧增加。

首先,在对原始测试用例集进行约简时,必须要保证跟原始用例集相同的覆盖度。另外,为了尽可能减少回归测试的费用,在进行测试用例集约简时,不只是需要减少用例的个数,还要考虑每个测试用例的运行代价,而每个测试用例的运行代价是不相等的。

本章将遗传算法和蚁群算法相互融合,基于遗传蚁群算法解决测试用例集约简问题。实验结果表明,提出的约简算法在满足测试需求的条件下,能够有效减小原始测试用例集的大小,并且大幅度降低测试运行代价,从而大大节省软件测试成本。

6.1   问题描述

6.1.1   问题定义

将测试用例集约简问题定义为:给出测试需求集 $R=\{r_1, r_2, \cdots, r_m\}$,测试用例集 $T=\{t_1, t_2, \cdots, t_n\}$,且每个测试用例 t_i 都有相应的测试运行代价 $\mathrm{Cos}(t_i)$,找到一个 T 的子集 T' 满足 T' 的测试运行代价 $\mathrm{Cos}(T')$ 最小,并且 T' 能够用来充分测试给定的测试需求集 R。这是一个 NP-complete 问题。

为进行测试用例集的约简,以下数据是实现的基础。

测试用例库:保存了软件系统在各个阶段使用过的所有测试用例。

测试需求库:记录了每个测试用例与测试需求之间满足的关系。

测试运行代价信息:记录了每个测试用例在测试时的运行代价。

6.1.2   问题模型

设测试需求集 R 与原始测试用例集 T 之间的关系如表 6-1 所示。

如表 6-1 所示,测试需求集 $R=\{r_1,r_2,r_3,r_4,r_5\}$,测试用例集 $T=\{t_1,t_2,t_3,t_4,t_5,t_6\}$。其中,值为"1"表示对应的测试用例能覆盖对应的测试需求,值为"0"则表示对应的测试用例不能覆盖对应的测试需求。

表 6-1　测试需求集 R 与测试用例集 T 满足的关系表

R	T					
	t_1	t_2	t_3	t_4	t_5	t_6
r_1	1	0	0	0	0	0
r_2	0	1	1	0	0	0
r_3	0	1	0	1	1	0
r_4	0	1	1	1	0	1
r_5	0	1	0	1	0	1

定义一个矩阵 X,具有 m 行 n 列,用来表示 m 个测试需求与 n 个测试用例之间的关系,该矩阵所有元素值为 0 或 1。定义一个一维向量 $\mathbf{Cos}(\mathrm{Cos}_1,\mathrm{Cos}_2,\cdots,\mathrm{Cos}_n)$,$\mathrm{Cos}_i$ 用来表示测试用例 t_i 的测试运行代价。则该问题的模型可以表示如下。

目标函数为

$$\min f(S_1,S_2,\cdots,S_n)=\sum_{i=1}^{n}\mathrm{Cos}_i S_i$$

$$\mathrm{s.t.}\begin{cases} Z=X\times S, & \text{所得 } Z \text{ 中不包含零元素} \\ S_i\in\{0,1\}, & i=1,2,\cdots,n \end{cases}$$

目标函数中,向量 $S(S_1,S_2,\cdots,S_n)$ 表示的是约简后的用例集,其长度也是 n。若 $S_i=0$,表示用例 t_i 未加入约简后的用例集中;$S_i=1$ 则表示用例 t_i 包含在约简后的用例集中。将一维向量 S 看成是 n 行 1 列的矩阵,两个矩阵相乘后得到 m 行 1 列的矩阵 Z。若矩阵 Z 中各行元素均为非零,则表示约简后的用例集 S 覆盖了测试需求集 R 中的所有需求;矩阵 Z 中各行元素均为 1,则表示刚好完全覆盖测试需求集 R,不存在冗余覆盖;若矩阵 Z 中第 i 行元素为零,则表示约简后的用例集 S 未覆盖测试需求集 R 中的需求 r_i。

6.2 基于遗传蚁群算法的测试用例集约简算法 (TSR-GAA 算法)

6.2.1 遗传算法与蚁群算法融合的基本原理

遗传算法与蚁群算法融合的基本思想是:算法的前半过程采用遗传算法,利用遗传算法求解的结果产生蚂蚁寻找最优路径的初始信息素分布,算法的后半过程采用蚁群算法求得问题的最优解。

该方法汲取了两种算法的优点,在时间效率上优于蚁群算法,在求解效率上优于遗传算法,是一种时间效率和求解效率都比较高的新的启发式方法。

确定遗传算法和蚁群算法融合的最佳时机点采用的策略如下。

(1) 设置最小遗传迭代次数 b 和最大遗传迭代次数 c。

(2) 在遗传迭代过程中统计子代群体的进化率,并以此设置子代群体最小进化率,如果连续 N 代($b \leqslant N \leqslant c$),子代群体的进化率都小于最小进化率,说明此时遗传算法的优化速度较低,则终止遗传算法。

6.2.2 遗传算法设计

(1) 基因编码。

用矩阵 X 中的每行元素值组成的二进制编码作为一个个体 G_i($i=1, 2, \cdots, m$),m 行构成遗传算法的初始种群。例,表 6-1 对应的初始种群 G 是

$$\{100000, 011000, 010110, 011101, 010101\}$$

(2) 适应度函数。

由目标函数得出适应度函数 $F(G_i) = 1/\mathrm{Cos}(G_i)$。其中,$\mathrm{Cos}(G_i)$ 表示个体 G_i 的测试运行代价,由 G_i 各元素值乘以存放测试用例的测试运行代价的 Cos_i 对应的各元素值可得。例,$\mathrm{Cos}(G_3) = 0 \times \mathrm{Cos}_1 + 1 \times \mathrm{Cos}_2 + 0 \times \mathrm{Cos}_3 + 1 \times \mathrm{Cos}_4 + 1 \times \mathrm{Cos}_5 + 0 \times \mathrm{Cos}_6$。

（3）遗传算子。

选择算子采用轮盘赌的选择策略，适应度高的个体被直接复制到下一代群体中。交叉算子采用单点交叉。在两个个体的同一位置处进行交叉重组，形成两个新的个体。变异算子使子代基因按小概率振动产生变化，将所选个体位取反。

（4）遗传控制参数设置。

初始种群的大小与原始用例集中用例的个数相同。取交叉概率 $p_c = 0.8$，变异概率 $p_m = 0.01$。

（5）遗传算法结束条件。

即为遗传算法和蚁群算法融合的最佳时机点。其中，设最小遗传迭代次数为 15，最大遗传迭代次数为 50，最小进化率是 5%，终止迭代次数为 3 次。其表示的含义是：迭代次数为 15～50 时，如果连续 3 次的解进化率都小于或等于 5%，则终止遗传算法；否则当迭代次数达到 50 次时，终止该算法。

6.2.3　蚁群算法设计

初始信息素设置：用蚁群算法解决测试用例集约简问题时，蚂蚁将信息素留在测试用例节点上，初始信息素的分布由遗传算法终止时得到的适应度值最好的前 10% 的个体组成的优化解集合来获得。设优化解中选取用例 j 的个体 $G(k)$ 有 w 个，则用例 j 上的初始信息素为

$$\tau_j(0) = \sum_{k=1}^{w} F(G(k)) \tag{6-1}$$

其中，$F(G(k))$ 表示对优化解中选取用例 j 的每个个体 $G(k)(k=1,2,\cdots,w)$ 计算其适应度值，适应度函数同遗传算法设计。

状态转移规则：状态转移规则规定了蚂蚁选择哪个测试用例到约简后的测试用例集中。

蚂蚁在 t 时刻选取用例 j 的概率为 $P_j(t)$，其定义如下：

$$P_j(t) = \begin{cases} \dfrac{[\tau_j(t)]^\alpha [\eta_j]^\beta}{\sum\limits_{l \in \text{allowed}(t)} [\tau_l(t)]^\alpha [\eta_l]^\beta}, & j \in \text{allowed}(t) \\ 0, & \text{其他} \end{cases} \tag{6-2}$$

其中，$\tau_j(t)$ 表示 t 时刻用例 j 的信息素；η_j 表示蚂蚁选取用例 j 的期望值程度，

令 $\eta_j = \text{Cov}(t_j)/\text{Cos}_j$，$\text{Cov}(t_j)$ 表示用例 t_j 的测试覆盖度，通过统计矩阵 $\boldsymbol{X}$ 中第 j 列中 1 的个数可以得到。Cos_j 表示用例 t_j 的测试运行代价。$\text{allowed}(t)$ 表示可以选择的用例集合。

信息素更新：每次迭代完成后，需要对原始用例集中的每个用例上的信息素进行更新。信息素更新模式采用的是最大最小蚁群算法的信息素更新模式。

信息素强度更新的方程式为

$$\Delta\tau_j = \frac{Q}{\text{Cos}(T')}, \quad j \in \{1,2,\cdots,n\} \tag{6-3}$$

其中，Q 为正常数，$\text{Cos}(T')$ 为该只蚂蚁得到的约简后用例集的运行代价，则每个用例上信息素求值的公式为

$$\tau_j = \begin{cases} \tau_{\min}, & \tau_j < \tau_{\min} \\ \tau_{\max}, & \tau_j > \tau_{\max} \\ (1-\rho)\tau_j + \Delta\tau_j, & \text{其他} \end{cases} \tag{6-4}$$

其中，$\rho \in [0,1]$ 表示信息素的挥发系数，$\tau_{\min}$ 和 $\tau_{\max}$ 分别表示信息素的下界和上界。

蚁群算法控制参数设置：遗传算法得到的优化解集合的个数 p 取初始种群个数的 10%。例：原始用例集包含 100 个用例，则初始种群包含的个体数为 100 个，则 $p=10$，$\alpha=2$，$\beta=1$，$\tau_{\min}=1$，$\tau_{\max}=5$，$Q=5$，$\rho=0.2$。

当满足下列条件之一时终止蚁群算法：

(1) 达到最大迭代次数 100 次；

(2) 连续迭代 3 次，解进化率都小于 0.5%。

6.2.4 基于遗传蚁群算法求解约简用例集的算法步骤

应用遗传蚁群算法解决测试用例集约简问题的步骤如下。

步骤 1～步骤 5 为遗传算法部分。

步骤 1 初始化遗传算法各个参数（种群规模为 H，交叉概率为 p_c，变异概率为 p_m）；

步骤 2 设置遗传算法的结束条件（迭代次数为 15～50 时，如果连续 3 次的解进化率都小于等于 5%；或者迭代次数达到 50 次）；

步骤 3 根据测试用例集与测试需求集之间的关系表生成初始种群 $P(0)$,遗传代数 $g=0$;

步骤 4 根据适应度函数计算初始种群中每个个体的适应度值;

步骤 5 循环执行以下步骤,直到满足遗传算法的结束条件:

① 根据个体适应度值及轮盘赌选择策略计算 $P(g)$ 中每个个体的选择概率 p_i;

② for $(i=1; i<=H; i=i+2)$

{Ⅰ.根据概率 p_i 在 $P(g)$ 中选择两个父体;

Ⅱ.生成 $0\sim1$ 之间的任意随机数 r;

Ⅲ. if $(r\leqslant p_m)$,对所选两个父体进行变异操作;

else if $(r\leqslant p_m+p_c)$,对所选两个父体进行交叉操作;

else 进行复制操作

} end for

③ 计算 $P(g+1)$ 中个体的适应度值,$g=g+1$;

步骤 6~步骤 10 为蚁群算法部分。

步骤 6 初始化蚁群算法各个参数;

步骤 7 设置蚁群算法的结束条件(达到最大迭代次数 100 次;或者如果连续迭代 3 次,解进化率都小于 0.5%);

步骤 8 从遗传算法最后一代种群中选择适应度值高的前 10% 个体,作为优化解集合,按式(6-1)计算每个用例的初始信息素值;

步骤 9 while not (蚁群算法的结束条件):

① for $(i=1; i<=m; i++)$ // 对 m 个蚂蚁循环

{Ⅰ.初始化蚂蚁 i 的解向量 $S_i=(S_{i1},S_{i2},\cdots,S_{in})=(0,0,\cdots,0)$;

Ⅱ. allowed$_i(g)=\{1,2,\cdots,n\}$;

Request$_i(g)=\{1,2,\cdots,m\}$;

//n 是原始用例集包含用例的个数

//m 是测试需求集包含需求的个数

Ⅲ. for $(j=1; j<=n; j++)$ // 对 n 个用例循环

if (Request$_i(g)$ 不为空)

(a) 蚂蚁 i 根据状态转移规则式(6-2)在 allowed$_i(g)$ 中选择下一个用例 k;

(b) $allowed_i(g) = allowed_i(g) - \{k\}$,从 $Request_i(g)$ 中删除用例 k 满足的需求;

  (c) 根据式(6-4)更新用例 k 上的信息素;

  } else break;

  //测试需求集 $Request_i(g)$ 为空表示所有需求均已覆盖,则蚂蚁 i 的选择过程结束

  ② 对原始用例集中所有用例按式(6-4)更新其信息素;

步骤 10 输出最优解,程序结束。

6.3 仿真实验对比

  为了评估本算法的性能,这里分别使用遗传算法、蚁群算法和本章提出的遗传蚁群算法对测试用例集约简问题进行仿真实验。

  实验方法如下。

  (1) 算法中各控制参数设置如前所述;

  (2) 随机生成不同规模的测试需求集与测试用例集之间的关系表;

  (3) 随机生成相应的每个测试用例的测试运行代价(1~10 之间)。

  实验结果分析如下。

  表 6-2 列出了 3 种算法对不同规模的测试需求集和测试用例集得到的约简后测试用例集的测试运行代价。

表 6-2 3 种算法的最优解对比

规模	遗传算法	蚁群算法	遗传蚁群算法
6×8	11.3	11.3	11.3
48×55	28.2	30.4	24.0
98×110	46.5	44.3	39.8
506×550	189.7	172.4	163.4

  表 6-3 列出了 3 种算法在不同规模下的运行时间。从实验结果可以看出,与遗传算法和蚁群算法相比,遗传蚁群算法在求解精度和运行代价两方面都有优势。随着规模的增大,其优势越来越明显。

表 6-3　3 种算法在不同规模下的运行时间

规模	遗传算法	蚁群算法	遗传蚁群算法
6×8	0.2	0.2	0.2
48×55	1.6	1.4	1.3
98×110	3.5	2.8	2.7
506×550	12.9	10.5	9.5

第 7 章
基于 HGS 算法的回归测试用例集约简

前几章介绍的几种约简算法在约简测试用例集时只考虑了每个测试用例的测试覆盖度,这样约简后的测试用例集减弱了其错误检测能力。本章提出的算法,综合考虑了每个测试用例的测试覆盖度、测试运行代价和错误检测能力,该算法在覆盖所有测试需求的条件下,除了能约简测试用例集中测试用例的个数外,还能减少约简后测试用例集的测试运行代价,并能有效保证错误检测能力。最后的仿真实验结果表明该算法在保证软件质量的前提下,大大节省了回归测试的成本。

目前针对测试用例集的约简算法主要有贪心算法、HGS算法、遗传算法、蚁群算法等启发式算法。这些算法均能在覆盖所有测试需求的条件下有效地约简测试用例集中测试用例的个数，达到降低测试成本的目的。但是，前面这些方法在约简测试用例集时把每个测试用例的测试覆盖度和测试运行时间作为约简的主要参考指标，而没有考虑测试用例检测错误的能力。因此，约简后的测试用例集极大地减少了测试用例的个数，但是错误检测能力也极大地减弱，这与在测试时要尽可能多地发现错误的目标是不一致的。

与普通测试相比，回归测试时执行的大部分用例都是已执行过的用例。本章针对回归测试用例集的约简问题提出一种新的算法，该算法除了要考虑每个测试用例的测试覆盖度和测试运行时间外，还将执行过的用例发现错误的能力作为约简测试用例集要考虑的重要影响因素。仿真实验结果表明，该算法既能约简测试用例集中测试用例的个数，有效地降低回归测试的成本，也能保证约简后的测试用例集的错误检测能力，使得测试后的软件质量得到有效的保证。

7.1 问题描述

7.1.1 相关定义

定义1 已知回归测试用例集 $T = \{t_1, t_2, \cdots, t_m\}$ 有 m 个测试用例，测试需求集 $R = \{r_1, r_2, \cdots, r_n\}$ 有 n 个测试需求。测试用例集 T 与测试需求集 R 之间满足的关系用 m 行 n 列矩阵 S 来表示，矩阵元素由下式定义：

$$S(t_i, r_j) = \begin{cases} 1, & t_i \in T, \text{满足需求} r_j \in R \\ 0, & t_i \text{不满足需求} r_j \end{cases} \tag{7-1}$$

定义2 对于测试用例 t，t 满足的所有测试需求集记为 $R(t)$。

定义3 对于测试用例集 T_1，T_1 满足的测试需求集记为 $R(T_1) = \bigcup\limits_{t \in T_1} R(t)$。

定义4 对于测试需求 r，满足 r 的所有测试用例集记为 $T(r)$。

定义5 对于测试需求集 R_1，满足 R_1 的测试用例集记为 $T(R_1) = \bigcup\limits_{r \in R_1} T(r)$。

定义6 若测试用例集 $T' \subset T$，且 $R(T') = R(T)$，则称 T' 为测试用例集 T

的约简测试用例集。若对测试用例集 T 的任意另一约简测试用例集 T''，有 $|T''| > |T'|$，则称 T' 为测试用例集 T 的最小代表用例集。

为实现本章中能提高错误检测能力的回归测试用例集的约简，需要以下数据作为基础。

（1）测试用例库。

记录软件系统在各个阶段使用过的所有测试用例。

（2）测试需求库。

记录每个测试用例与测试需求之间满足的关系。

（3）测试运行代价信息。

记录每个测试用例在测试时的运行代价。

（4）错误检测能力信息。

记录每个测试用例在测试时的错误检测能力。

7.1.2　问题的提出

设测试用例集 T 与测试需求集 R 之间满足的关系如表 7-1 所示。

表 7-1　测试用例集 T 与测试需求集 R 满足的关系表

T	R							
	r_1	r_2	r_3	r_4	r_5	r_6	r_7	r_8
t_1	1	0	1	0	0	1	0	0
t_2	0	1	0	1	1	0	0	1
t_3	0	1	1	0	0	1	0	0
t_4	0	1	1	0	1	0	1	0
t_5	0	1	0	1	1	0	1	0

现使用 HGS 算法对上述测试用例集进行约简。先把测试需求根据 $|T(r_i)|$ 的大小分成 $R_1, R_2, \cdots, R_{\max}$ 共 4 个集合，即 $R_1 = \{r_1, r_8\}$，$R_2 = \{r_4, r_6, r_7\}$，$R_3 = \{r_3, r_5\}$，$R_4 = \{r_2\}$。因为 R_1 集合中所有的测试需求只能被唯一的测试用例满足，所以把测试用例 t_1 和 t_2 加入到最小代表用例集中，则这 2 个用例满足的测试需求 $r_1, r_2, r_3, r_4, r_5, r_6, r_8$ 标记为满足。接着选择能满足 R_2 集合中最多测试需求的用例 t_5，则 t_5 满足的测试需求 r_7 标记为满足。至此，所有测试需求均标记为满足，得到最小代表用例集为 $\{t_1, t_2, t_5\}$。

在上述例子中,使用 HGS 算法约简测试用例集时,只考虑了每个测试用例的测试覆盖度,而没有考虑每个测试用例的运行代价和错误检测能力。若测试用例 t_3 能够检测出被零除的严重错误,但却在 HGS 约简算法中当作冗余的测试用例被约简了,则直接后果是约简后测试用例集的错误检测能力也随之减弱。

7.2 算法的参数

为了保证约简后测试用例集的错误检测能力及测试用例的执行时间尽可能短,在约简测试用例集的时候,除了要考虑每个测试用例的测试覆盖度外,还将考虑每个测试用例的测试运行代价和错误检测能力。

7.2.1 测试用例的测试覆盖度

测试用例的测试覆盖度计算公式定义如下:

$$\text{Cov}(t_i) = \sum_{j=1}^{n} \frac{1}{|T(r_j)|} \tag{7-2}$$

其中,n 是用例 t_i 满足需求的个数,即 $|R(t_i)|$。$|T(r_j)|$ 表示满足需求 r_j 的测试用例的个数。如上例中,$\text{Cov}(t_1) = 1 + 1/3 + 1/2$。

7.2.2 测试用例的测试运行代价

在本章中,测试用例的测试运行代价即执行该用例所需要花费的时间。对于原有用例,测试用例库记录了每个测试用例执行所花的时间,即 $\text{Cos}(t_i)$ 为实际执行时所花费时间。对于新增加的测试用例,其测试运行代价统一按照平均每个测试用例所要花费的时间进行计算,即

$$\text{Cos}(t_i) = \text{所有测试用例平均花费的时间} \tag{7-3}$$

7.2.3 测试用例的错误检测能力

每个测试用例的错误检测能力 $\text{fau}(t_i)$ 由两个因素来决定:其一,该用例在

以前执行过程中发现错误的个数;其二,该用例在以前执行过程中发现错误的等级。

根据错误的严重性级别将错误等级分为 4 种:致命错误、严重错误、一般错误和轻微错误。错误等级的定义如下。

(1) 致命错误。

软件死机、软件崩溃、软件异常退出、数据丢失且很难恢复。导致以上 4 种后果之一的软件错误视为致命错误。

(2) 严重错误。

没有实现软件需求,对软件功能有较大影响;没有正确实现软件需求,导致软件不能正常使用;数据丢失但较容易恢复。导致以上 3 种后果之一的软件错误视为严重错误。

(3) 一般错误。

没有正确实现软件需求,对软件功能影响较小;没有正确实现软件需求,但对正确使用软件其他功能没有影响或影响较小;软件操作与软件使用说明不符。导致以上 3 种后果之一的软件错误视为一般错误。

(4) 轻微错误。

对于已经实现软件需求,对软件功能影响很小或不方便使用的小问题视为轻微错误。

设 fd 为每个错误等级对应的量化值,定义致命错误为 10,严重错误为 8,一般错误为 4,轻微错误为 2。

测试用例的错误检测能力 $\mathrm{fau}(t_i)$ 的计算公式定义如下:

$$\mathrm{fau}(t_i) = \sum_{i=1}^{j} \mathrm{fd}_i \tag{7-4}$$

其中,j 代表测试用例 t_i 共可以检测 j 个错误,fd_i 代表每个错误等级的值。

7.3 基于 HGS 算法的回归测试用例集约简算法 (RTSR-HGS 算法)

在软件生命周期的整个过程中,测试人员要反复多次执行部分相同的测试用例集进行测试来保证新增加的或修改后的模块没有给整个软件系统带来不好的影响。测试人员将每次执行测试用例的相关数据(如测试用例执行的时间、测试用例可以检测的错误等级等)记录下来,用于下次回归测试用例集的约简中。这样,约简后的测试用例集除了能够有效约简用例的个数以降低回归测试成本外,同时还能保证约简后的测试用例集的错误检测能力,从而保证软件的质量。

7.3.1 测试用例的度量值公式

综合考虑每个测试用例 t 的测试覆盖度 $\mathrm{Cov}(t)$、测试运行代价 $\mathrm{Cos}(t)$ 和错误检测能力 $\mathrm{fau}(t)$ 分别在测试过程中所占的重要性比例,现定义测试用例 t 的度量值公式为

$$\mathrm{val}(t) = \mathrm{Cov}(t) \times 0.4 + \frac{1}{\mathrm{Cos}(t)} \times 0.2 + \mathrm{fau}(t) \times 0.4 \qquad (7\text{-}5)$$

其中,因数 0.4、0.2、0.4 分别代表测试覆盖度、测试运行代价和错误检测能力这 3 个因素的权重因子。

7.3.2 HGS 算法与回归测试用例集约简算法的融合

在原 HGS 算法只考虑每个测试用例的测试覆盖度的基础上,增加考虑每个测试用例的测试运行代价和错误检测能力。

算法框架描述如下。

步骤 1 根据测试用例集 T 和测试需求集 R 之间满足的关系矩阵 S,将测试需求集划分为 $R_1, R_2, \cdots, R_{\max}$;

步骤 2 将满足 R_1 集合中测试需求的测试用例加入到约简后的测试用例集 T' 中,并将这些用例满足的测试需求标记为满足;

步骤 3 根据式(7-2)、式(7-3)、式(7-4)计算满足 R_2 集合中测试需求的测试用例的测试覆盖度、测试运行代价和错误检测能力,并按式(7-5)计算每个用例的度量值,再按度量值的大小顺序选择用例至 T' 中,直到 R_2 集合中所有测试需求标记为满足;

步骤 4 重复步骤 3 的方法继续处理 $R_3, R_4, \cdots, R_{\max}$,直至测试需求集 R 中所有需求均标记为满足。

7.4　仿真实验对比

为了评价本章算法的有效性,使用白盒技术对网上书店程序设计测试用例 135 个,覆盖测试需求 118 个,且人为地植入 142 个错误,然后对基本 HGS 算法(HGS 算法)、基本蚁群算法(ACA 算法)及本章提出的算法(RTSR-HGS 算法)进行以下 3 个方面的比较。

(1) 测试用例集规模的约简率,$\%\,\mathrm{Size\ Red}=\dfrac{|T|-|T'|}{|T|}\times100\%$。其中,$|T|$ 代表原始用例集中用例的个数,$|T'|$ 代表约简后用例集中用例的个数。

(2) 测试用例集运行代价的约简率,$\%\,\mathrm{Size\ Cos}=\dfrac{|C|-|C'|}{|C|}\times100\%$。其中,$|C|$ 代表原始用例集的运行代价总和,$|C'|$ 代表约简后用例集的运行代价总和。

(3) 测试用例集错误检测能力的丢失率,$\%\,\mathrm{Fault\ Loss}=\dfrac{|F|-|F'|}{|F|}\times100\%$。其中,$|F|$ 代表原始用例集能够检测出错误的个数,$|F'|$ 代表约简后用例集能检测出错误的个数。

表 7-2 所示的是使用 HGS、ACA、RTSR-HGS 等 3 种算法在 $\%$ Size Red、$\%$ Size Cos、$\%$ Fault Loss 等 3 个方面的对比。从实验结果可以看出,使用 RTSR-HGS 算法在丢失一小部分的测试用例集约简规模和运行代价约简规模的情况下,其错误检测能力的丢失率远远小于 HGS 算法和 ACA 算法的。

表 7-2　基本算法及本章算法在 3 个性能方面的对比

参数	HGS	ACA	RTSR-HGS
$\%$ Size Red	11.68	11.47	10.13
$\%$ Size Cos	10.54	11.23	9.77
$\%$ Fault Loss	7.91	8.05	3.13

第8章
算法的实现和
性能分析工具

　　本章利用测试用例集约简算法分析工具对各种算法进行了讨论分析。该工具主要包括矩阵生成模块、数据编辑模块、算法执行模块、性能分析模块等四个模块。在矩阵生成模块中，根据模型中给出的条件，生成测试用例集和测试需求集的对应关系矩阵。数据编辑模块主要负责对随机生成或文件导入的关系矩阵进行编辑或修改。在算法执行模块中，执行各个算法，将各个算法的执行结果在可视化界面中显示，同时将各个算法的结果保存在指定文件夹中，以便在后一个模块中调用比较。性能分析模块主要是对本书中介绍的几种测试用例集约简算法进行比较评估，并通过曲线图的方式直观地展示结果。最后使用本章中设计的工具，对不同规模的测试用例集和测试需求集矩阵进行执行、跟踪并作对比，实验结果对比分析表明，本书中提出的三种改进算法效果比较好。

为了便于比较各种算法约简测试用例集的效果,分析各种算法的性能及实现算法的实际应用,现开发测试用例集约简算法的性能分析工具。该工具集成了测试用例集和测试需求集对应关系矩阵的生成与管理、各个算法的执行与跟踪,以及算法性能的对比分析等功能,现将前面介绍过的 G 算法、HGS 算法、ACA 算法和本书作者提出的 TSR-ACA 算法、TSR-GAA 算法、RTSR-HGS 算法等 6 种算法集成到工具中,然后通过对比这些算法的运行结果来比较其性能。

8.1 性能分析工具的开发环境

硬件环境:CPU intel i7-10875H,RAM 16GB。
软件环境:Windows 10 操作系统,Java 语言。

8.2 性能分析工具

该工具主要由 4 个部分组成:矩阵生成模块、数据编辑模块、算法执行模块、性能分析模块。本工具主要采用 Java 语言开发,工具主界面如图 8-1 所示。

8.2.1 矩阵生成模块

主要用于生成测试用例集和测试需求集的对应关系矩阵。

由于受现实条件的限制,没有真实的测试用例集和测试需求集的对应关系矩阵可用,这里根据数据编辑模块输入的数据,生成一个随机矩阵,方便下一阶段各个算法的调用执行。

在工具主界面上点击"输入数据"按钮(见图 8-1),可以选择随机生成或文件导入的方式得到关系矩阵,如图 8-2 所示。

点击"随机生成"按钮后,可以继续选择"单矩阵输入"一次随机生成一个关系矩阵;或者选择"多矩阵输入"一次生成多个不同规模的关系矩阵,如

图 8-1　测试用例集约简工具主界面

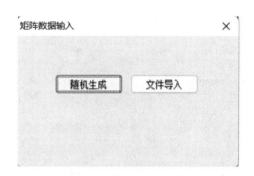

图 8-2　测试用例集和测试需求集的矩阵生成界面

图 8-3 所示。

选择"单矩阵输入",在弹出的窗口内输入关系矩阵的行数(代表测试用例的个数)和列数(代表测试需求的个数)后,就可以得到随机生成的一个关系矩阵。

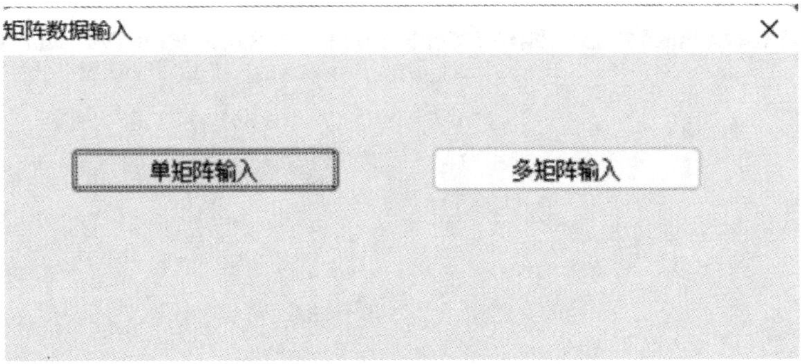

图 8-3　单矩阵和多矩阵选择界面

选择"多矩阵输入",在弹出的窗口内输入不同规模的关系矩阵的行数和列数后,可以得到多个不同规模的关系矩阵,如图 8-4 所示。

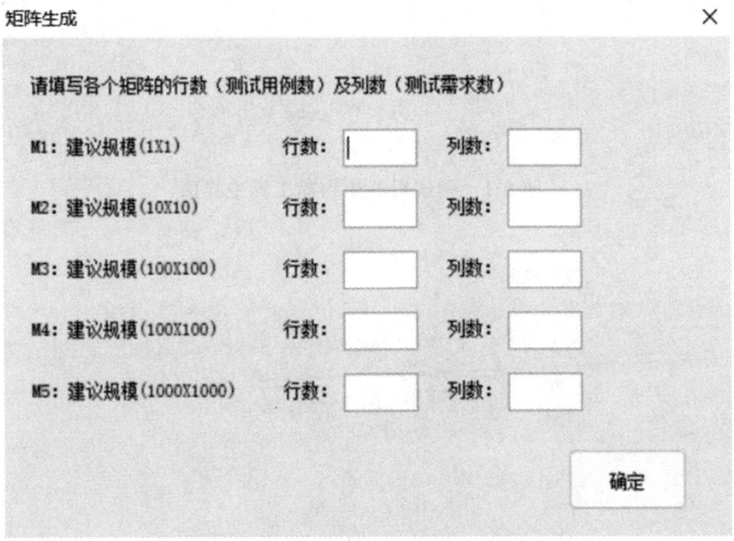

图 8-4　多矩阵输入界面

一次生成多个不同规模的矩阵方便对各个算法在不同规模下的各种性能进行比较。

生成矩阵中的一行代表一个测试用例满足各个测试需求的情况,该行 01 串的长度就是测试需求集的规模,总行数(除最后三行外)就是测试用例集的规模。最后三行整数分别代表每个测试需求的测试代价、每个测试用例的测试代价、每个测试用例的错误检测能力,如图 8-5 所示。

```
0 0 0 0 0 0 0 0 0 0 0 0 0 1 0 0 0 0 0 0 0 0 0 0 0 0 0 0 0
0 0 0 0 0 0 0 0 0 0 0 0 0 0 1 0 0 0 0 0 0 0 0 0 0 0 0 0 0
0 0 1 1 0 0 0 0 0 1 0 0 0 0 0 0 1 0 1 0 0 0 0 0 0 0 0 0 0
0 1 0 0 0 0 0 0 0 0 0 0 0 0 1 1 0 0 0 0 1 0 0 0 0 0 0 0 0
0 0 1 0 0 0 0 0 0 0 1 0 0 1 0 0 0 1 0 0 0 0 0 0 1 0 0 0 0
0 0 1 0 0 0 1 0 0 0 0 0 0 0 0 0 0 0 0 0 0 0 0 0 0 0 0 0 0
0 0 0 0 0 0 0 0 0 0 1 0 1 0 0 0 0 0 1 0 0 0 0 0 0 0 0 0 0
0 0 0 0 0 0 0 0 0 1 0 0 0 0 0 0 0 0 0 0 0 0 0 0 0 0 0 0 0
0 0 1 0 0 1 0 1 0 0 0 0 0 0 1 0 0 0 0 0 0 0 0 0 0 0 0 0 0
0 0 0 0 0 0 1 0 0 0 0 0 1 1 0 0 1 1 0 0 0 0 0 0 0 0 0 0 0
0 0 0 0 1 0 0 0 1 0 0 0 0 0 1 0 0 0 0 0 0 1 0 0 0 0 0 0 0
0 0 0 0 0 0 0 0 0 0 0 0 0 0 0 0 0 0 0 1 0 0 0 0 0 0 0 0 0
0 0 1 0 0 0 0 0 0 0 1 0 0 0 0 1 1 0 0 0 0 0 1 0 0 0 0 0 0
0 0 0 0 0 0 0 0 0 0 1 0 0 0 1 0 0 0 0 0 0 0 0 0 0 0 0 0 0
0 0 0 0 0 1 1 0 0 0 0 1 0 0 0 0 1 0 0 0 0 0 0 0 0 0 0 0 0
1 1 0 0 0 0 1 0 0 0 0 0 0 0 0 0 0 0 1 0 0 0 0 0 0 0 0 0 0
0 0 0 1 0 0 0 0 0 1 0 0 0 0 0 0 0 0 0 0 1 0 1 0 0 0 0 0 0
0 0 0 0 0 0 0 0 0 0 1 0 0 0 1 0 0 1 0 0 1 0 0 0 0 0 0 0 0
0 0 0 0 0 1 0 1 0 0 0 0 1 0 0 0 1 0 1 0 0 0 0 0 0 0 0 0 0
0 0 0 0 0 0 0 0 0 0 1 0 0 0 0 0 0 0 0 0 0 0 0 1
0 0 0 1 1 0 0 0 1 0 0 0 0 0 0 0 0 0 0 0 0 0 0 0 0 0 0 0 0
0 1 0 0 0 0 0 0 0 0 0 0 0 0 0 0 0 0 0 0 0 0 0 1
0 0 0 0 1 0 0 0 0 0 0 0 0 0 0 0 0 0 1 0 0 0 0 0
0 0 0 0 0 0 0 0 1 0 0 0 0 1 1 0 0 0 0 0 0 1 0 0
5 9 7 8 8 8 1 7 4 5 8 3 5 1 9 4 4 9 7 1 1 6 2 2 1 7 6 6
1 4 27 27 33 8 20 8 31 33 19 2 29 10 21 24 22 6 22 10 20 27 6 16 22
52 24 66 72 66 42 54 50 52 40 74 42 46 68 36 48 26 78 68 88 64 64 46 30 36
```

图 8-5 测试用例集和测试需求集的生成矩阵示例

需要特别说明的是,在 RTSR-HGS 算法中需要考虑每个测试用例的错误检测能力。在后面进行各个算法的性能分析对比时,也要比较测试用例集错误检测能力的丢失率。在实际使用时,该测试用例在执行过程中将错误的检测情况记录下来,并存储在回归测试用例库中,从而可得到测试用例的错误检测能力。简单起见,在此工具中,每个测试用例的错误检测能力也通过随机算法生成。

8.2.2 数据编辑模块

数据编辑模块主要负责对随机生成或文件导入的关系矩阵进行编辑或修改,包括 3 种与蚁群算法相关的算法的参数设置。

用户点击工具主界面菜单栏的"矩阵设置"选项，再点击"调整矩阵参数"，会打开最近一次生成的关系矩阵窗口，可以对随机生成的矩阵进行数据编辑。点击"矩阵设置"下的"导出矩阵"选项，可以将当前生成的关系矩阵以文件的形式保存下来，方便反复使用。

　　用户点击工具主界面菜单栏的"算法设置"选项，再点击"更改蚁群算法参数"，会弹出蚁群算法的参数设置窗口，可以对与蚁群算法相关的算法的初始化参数进行编辑，如图 8-6 所示。

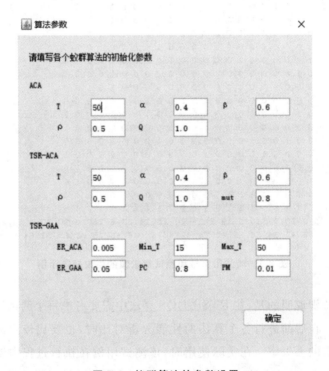

图 8-6　蚁群算法的参数设置

　　如图 8-6 所示，各种算法中的参数 T 表示循环次数，α 表示残留信息的相对重要程度，β 表示期望值的相对重要程度，ρ 表示信息素挥发因子，Q 表示信息素更新方程式的正常数，mut 表示蚁群算法的变异因子（变异系数），ER_ACA 表示蚁群算法中的种群进化率，ER_GAA 表示遗传算法中的种群进化率，Min_T 和 Max_T 分别表示最小循环次数和最大循环次数，PC 表示交叉概率，PM 表示变异概率。

8.2.3　算法执行模块

主要包括 6 个算法的执行：G 算法、HGS 算法、ACA 算法、TSR-ACA 算法、TSR-GAA 算法和 RTSR-HGS 算法。该部分以矩阵生成模块生成的关系矩阵为测试数据，调用执行各个算法，并显示执行结果。

在工具中，选择点击某个算法的按钮之后，会将该算法的运行结果显示在左侧的"程序运行结果"框里。例如，点击"RTSR-HGS 算法"按钮，结果显示如图 8-7 所示。运行结果包括 5 个部分：约简后的测试用例集（每个数字代表测试用例的编号）；测试用例集规模的约简率；测试用例集运行代价的约简率；测试用例集错误检测能力的丢失率；算法运行时间。

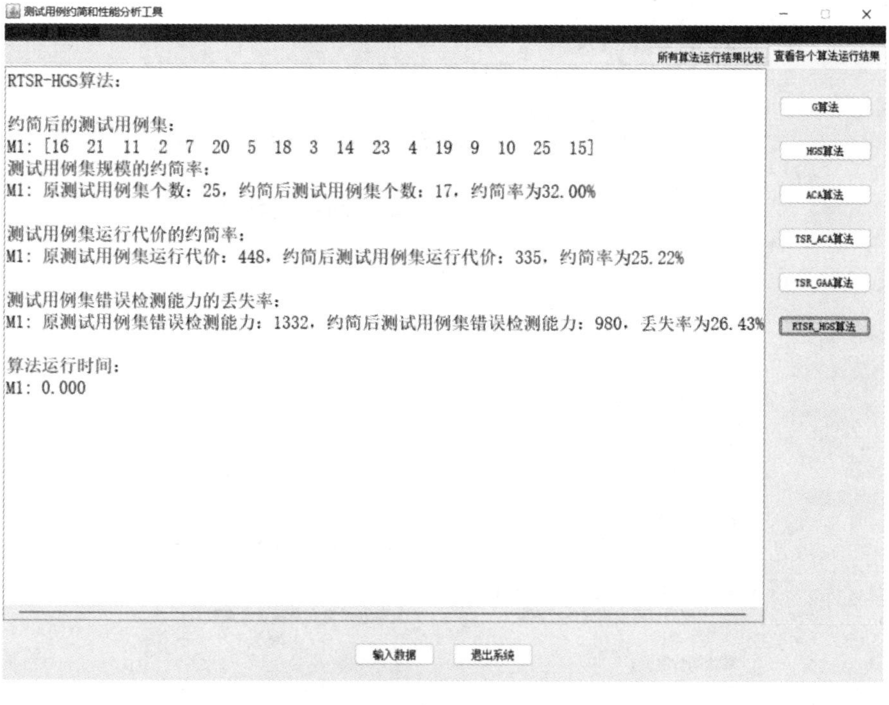

图 8-7　RTSR-HGS 算法运行结果界面

特别说明的是，在运行与蚁群相关的算法时，会先弹出一个小方框提示，如图 8-8 所示，可以通过点击菜单栏中的"算法设置"的"更改蚁群算法参数"

选项更改蚁群算法的初始化参数。另外，用户通过点击工具主界面菜单栏上的"算法设置"的"查看算法原始结果"选项，可以一次性查看 6 种算法对该矩阵进行约简的结果，如图 8-9 所示。

图 8-8　执行蚁群相关算法前的提示界面

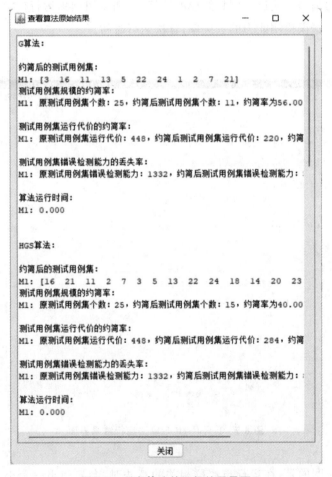

图 8-9　所有算法的运行结果界面

8.2.4 性能分析模块

性能分析模块根据算法执行的结果,对当前求得的最优解进行比较,并以可视化形式显示各算法执行结果。

可视化形式可以同时将各个算法的结果以最直观的方式,即曲线图的形式展示,使得用户无须对各个算法运行结果进行手工整理,方便观察算法的性能对比。

点击按钮"算法运行结果比较"后,可得到图 8-10～图 8-13 所示的结果,4个图分别为 5 种不同规模下测试用例集规模的约简率、测试用例集运行代价的约简率、测试用例集错误检测能力的丢失率和算法运行时间的性能对比图。

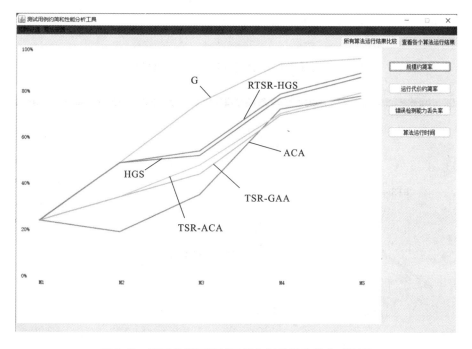

图 8-10 不同规模下测试用例集规模的约简率对比图

由此可以看出,ACA 算法和 TSR-ACA 算法在测试用例集约简方面,都优于 G 算法、HGS 算法。TSR-ACA 算法是从较小的测试代价开始收敛的,曲线变化较为平缓,即降低了蚂蚁寻找的随机性,在最后达到稳定状态时,

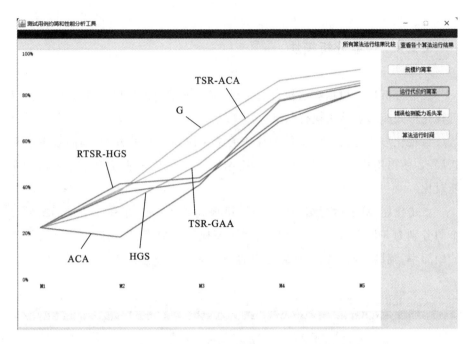

图 8-11　不同规模下测试用例集运行代价的约简率对比图

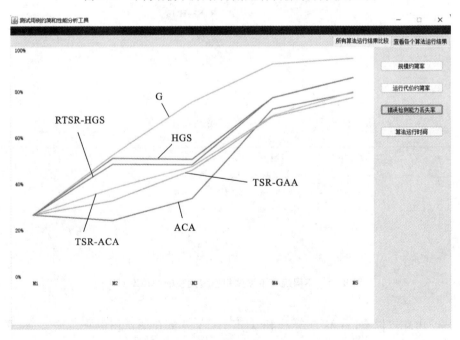

图 8-12　不同规模下测试用例集错误检测能力的丢失率对比图

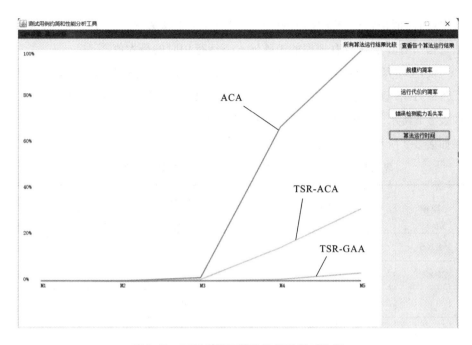

图 8-13　不同规模下算法运行时间对比图

TSR-ACA 算法进行测试用例集约简时,迭代的次数明显小于 ACA 算法的,且 TSR-ACA 算法的总代价明显小于 ACA 算法的。

8.3　算法性能对比分析

在进行各种算法的性能对比分析时,每种算法在对测试用例集约简时,约简后的测试用例子集均能够完全覆盖原测试需求集,故满足算法的有效性。我们的性能对比分析主要是比较以下 4 个方面。

（1）测试用例集规模的约简率。

（2）测试用例集运行代价的约简率。

（3）测试用例集错误检测能力的丢失率。

（4）算法运行时间。

算法运行时间为

$$当前值/最大值\times100\%$$

其中,当前值是指在当前规模的矩阵输入下,当前算法运行需要的时间;最大值是指所有算法在所有规模的矩阵输入下运行用时的最大值。

使用 G 算法、HGS 算法、ACA 算法、TSR-ACA 算法、TSR-GAA 算法和 RTSR-HGS 算法分别对不同规模的测试用例集进行约简,约简后的结果对比如表 8-1 所示。同时对约简后的测试用例集计算它的测试运行代价,计算结果如表 8-2 所示。

表 8-1　6 种算法对不同规模测试用例集的规模的约简率对比

规模	G 算法	HGS 算法	ACA 算法	TSR-ACA 算法	TSR-GAA 算法	RTSR-HGS 算法
8×9	25	25	25	25	25	25
20×22	50	50	30	55	55	60
100×110	66	53	36	69	65	70
400×420	82.7	78	73	85	85	86
600×650	85.1	87	79	88	88	89

表 8-2　6 种算法对不同规模测试用例集的运行代价的约简率对比

规模	G 算法	HGS 算法	ACA 算法	TSR-ACA 算法	TSR-GAA 算法	RTSR-HGS 算法
8×9	23	23	23	23	23	23
20×22	39	38	19	40	43	42
100×110	66	43	42	67	61	65
400×420	81	69	78	87	79	81
600×650	82	82	85	87	86	87

规模($n×m$)表示测试用例集个数为 n,测试需求集个数为 m。

表 8-1 给出了在测试用例集约简问题中,G 算法、HGS 算法、ACA 算法、TSR-ACA 算法、TSR-GAA 算法和 RTSR-HGS 算法对于不同规模所得到的最优解。从表 8-1 中所示的结果来看,对于小规模的测试用例集约简问题,采用各种算法得到的结果相同,都能得到与最优解一样的解。但当规模稍微大

一点的时候,本文提出的 3 种算法得到的结果均优于另外 3 种算法的最优解。随着规模的不断增大,性能改进的效果更加明显。

从表 8-2 可以看出,无论测试用例集和测试需求集的矩阵规模是大还是小,使用本文中提出的 3 种改进算法求得的最优测试用例集的运行代价都不大于其他 3 种方法的。

接下来,我们将错误检测能力这个因素考虑进去。我们使用 G 算法、HGS 算法、ACA 算法与本文提出的 TSR-ACA 算法、TSR-GAA 算法和 RTSR-HGS 算法对不同规模的生成矩阵进行约简,然后计算该测试用例集的错误检测能力的丢失率,结果如表 8-3 所示。

表 8-3　6 种算法对不同规模测试用例集错误检测能力的丢失率对比

规模	G 算法	HGS 算法	ACA 算法	TSR-ACA 算法	TSR-GAA 算法	RTSR-HGS 算法
8×9	23	23	23	23	23	23
20×22	39	38	19	40	33	32
100×110	66	43	42	57	51	45
400×420	87	69	78	81	79	71
600×650	92	82	85	77	76	72

由上述性能对比数据可以得到以下结论。

(1)随着测试用例集和测试需求集的矩阵规模的不断增大,本文提出的 3 种算法的测试用例集规模的约简率% Size Red 均优于另外 3 种基本算法的,性能改进的效果明显。

(2)无论测试用例集和测试需求集的矩阵规模是大还是小,使用本文提出的 3 种改进算法求得的测试用例集运行代价的约简率% Size Cos 都不低于另外 3 种方法求得的结果。

(3)在 6 种算法中,RTSR-HGS 算法约简后的测试用例集错误检测能力的丢失率% Fault Loss 最低。它在丢失一小部分的测试用例集规模约简率和运行代价约简率的情况下,其错误检测能力的丢失率远远小于另外 5 种算法的。

(4)在测试用例集的约简效率(Red Efficiency)方面,在不考虑测试运行代价的前提下,对于不同规模的测试用例集,没有哪种算法一定优于另一个算法。反之,在考虑测试代价的前提下,且测试用例集规模较小时,6 种算法的测试用例集约简效率是非常接近的。而在考虑测试代价的前提下,且测试用例集规模较大时,两种改进的蚁群算法(TSR-ACA 算法和 TSR-GAA 算法)的测试用例集的约简效率最高,即迭代次数最小。

参 考 文 献

[1] 刘震,吴娟. 软件测试实用教程[M].北京:人民邮电出版社,2017.

[2] 刘伟. 软件质量保证与测试技术[M].哈尔滨:哈尔滨工业大学出版社,2011.

[3] 华丽. 基于蚁群算法的测试用例集约简技术研究[D].重庆:西南大学,2009.

[4] 程晓菊. 测试用例集约简技术研究[D].长沙:湖南大学,2011.

[5] 张瑞. 基于改进蚁群算法的测试用例集约简技术研究[D].广州:华南理工大学,2012.

[6] 彭玲. 基于测试用例集约简的程序缺陷定位方法研究[D].衡阳:南华大学,2021.

[7] Carmen C,Simone R,Giuseppe S, et al. GASSER:a multi-objective evolutionary approach for test suite reduction[J]. International Journal of Software Engineering and Knowledge Engineering,2022,32(02).

[8] Reda N,Hamdy A,Rashed E A, et al. Multi-objective adapted binary bat for test suite reduction[J]. Intelligent Automation and Soft Computing, 2022,31(2).

[9] Geetha U,Sankar S. Multi-objective modified particle swarm optimization for test suite reduction (MOMPSO)[J]. Computer Systems Science and Engineering,2022,42(3).

[10] Chilun C,Chinyu H,Changyu C, et al. Analysis and assessment of weighted combinatorial criterion for test suite reduction[J]. Quality and Reliability Engineering International,2021,38(1).

[11] Dilip K S,Law K S,Munish K, et al. A multi-objective approach for test suite reduction during testing of web applications:a search-based

approach[J]. International Journal of Geotechnical Earthquake,2021, 12(3).

[12] 华丽,丁晓明.一种新的缩减测试用例集的算法[J].重庆:西南师范大学学报,2009,34(06):119-122.

[13] 陈翔.组合测试技术及应用研究[D].南京:南京大学,2011.

[14] 邓井双.基于遗传算法的人工人口生成与应用研究[D].四川:西南财经大学,2022.

[15] 李玉燕.基于不变量的回归测试用例集约简方法研究[D].衡阳:南华大学,2017.

[16] 尹文洁.测试用例约简方法的研究与应用[D].太原:太原理工大学,2011.

[17] 钟敏.基于改进遗传算法的异构云雾协同网络中的资源分配[D].南京:南京邮电大学,2022.

[18] 潘丽丽.软件测试用例集简化及其构建方法研究[D].长沙:湖南大学,2009.

[19] 赵家儒.基于遗传算法的外卖配送路径规划[D].四川:西华师范大学,2022.

[20] 刘音.基于遗传算法的测试用例集约简研究[J].电子制作,2020(21):37-38,45.

[21] 华丽,王成勇,谷琼,等.基于遗传蚁群算法的测试用例集简[J].工程数学学报,2012,29(04):486-492.

[22] 霍婷婷,孙强,丁蕊,等.基于逐幸存路径处理的测试用例集约简技术[J].计算机应用研究,2023,40(01):229-233.

[23] 魏伟,苏津磷,叶利等.基于智能优化算法的测试用例集约简[J].中国电子科学研究院学报,2021,16(2):111-118,126.

[24] 高丑光,林都,鲜浩.基于K均值的软件测试集用例约简算法研究[J].微电子学与计算机,2016,33(05):133-136,141.

[25] 张妍,傅秀芬.基于多优化目标的软件测试用例约简方法研究[J].计算机应用研究,2016,33(04):1111-1113.

[26] 华丽,李晓月,王成勇,等.能提高错误检测能力的回归测试用例集约简[J].湖南科技大学学报(自然科学版),2015,30(02):99-103.

［27］张瑞. 基于改进蚁群算法的测试用例集约简技术研究［D］.广州:华南理工大学,2012.

［28］游亮,卢炎生.测试用例集启发式约简算法分析与评价［J］.计算机科学,2011,38(12):147-150,177.

［29］程晓菊. 测试用例集约简技术研究［D］.长沙:湖南大学,2011.

［30］章晓芳,陈林,徐宝文,等.测试用例集约简问题研究及其进展［J］.计算机科学与探索,2008(03):235-247.

［31］Asha N,Mani P. Literature review on software testing techniques and test suite reduction frameworks/tools［J］. International Journal of Advanced Intelligence Paradigms,2021.

［32］Marchetto A,Scanniello G,Susi A. Combining code and requirements coverage with execution cost for test suite reduction［J］. IEEE Transactions on Software Engineering,2019,45(4).

［33］Mala J D,Subashini B. An effective approach to test suite reduction and fault detection using data mining techniques［J］. International Journal of Open Source Software and Processes,2017,8(4).

［34］Wang X,Jiang S,Gao P, et al. Cost-effective testing based fault localization with distance based test-suite reduction［J］. Science China,2017,60(09):163-177.

［35］Shen Q,Jiang Y,Lou J. A new test suite reduction method for wearable embedded software［J］. Computers and Electrical Engineering,2017.

［36］Zhanzhou W,Lihua C,Heyong S. An improved genetic algorithm for determining the optimal operation strategy of thermal energy storage tank in combined heat and power units［J］. Journal of Energy Storage,2021,43.

［37］Vishnu C R,Sangeeth P D,Sridharan R,et al. Development of a reliable and flexible supply chain network design model: a genetic algorithm based approach ［J］. International Journal of Production Research,2020.

［38］Mohapatra S K,Prasad S. Test case reduction using ant colony optimization for object oriented program［J］. Journal of Animal and Veterinary Advances,2015.

[39] Dan L,Xiulian H,Qi J. Design and optimization of logistics distribution route based on improved ant colony algorithm[J]. Optik,2023.

[40] Haiji W,Jiankun H. Research on optimal scheduling of power system based on ant colony algorithm[J]. Journal of Physics：Conference Series,2022,2404(1).

[41] Yoo S,Harman M. Regression testing minimization,selection and prioritization：a survey[J]. Software Testing,Verification and Reliability,2012,22(2).

[42] 李金蓉. 基于改进的蚁群算法在测试用例集约简问题上的应用研究[D]. 长沙:华南理工大学,2013.

[43] 雷英杰,张善文,李续武,等. MATLAB 遗传算法工具箱及应用[M]. 西安:西安电子科大学出版社,2005.

[44] 吴启迪,汪镭. 智能蚁群算法及应用[M]. 上海:上海科技教育出版社,2004.

[45] 陈伦军. 机械优化设计遗传算法[M]. 北京:机械工业出版社,2005.

附录 A　GA 算法主要代码

```java
public class GreedyAlgorithm {

    public static ArrayList< Integer>algorithm(int[][] matrix) {
        int Case=matrix.length;
        //测试用例数
        int Need=matrix[0].length;
        //测试需求数
        ArrayList< Integer>result=new ArrayList<>();
        //结果集
        if (Case==1) {
            //当测试用例数为 1 时,直接返回
            result.add(0);
            return result;
        }
        if (Need==1) {
            //当测试需求数为 1 时,返回第一个满足的测试用例
            for (int i=0; i<Case; i++) {
                if (matrix[i][0]==1) {
                    result.add(i);
                    return result;
                }
            }
        }
        ArrayList< Integer>C_Case=new ArrayList<>();
        //当前剩余测试用例位序
            ArrayList< Integer>C_Need=new ArrayList<>();
```

```
//当前剩余测试需求位序
for (int i=0; i<Case; i++) C_Case.add(i);
for (int i=0; i<Need; i++) C_Need.add(i);
while (! C_Need.isEmpty()) {
    //循环结束条件:所有测试需求已满足
    int Max_num=0;
    //最大满足测试需求个数
    int Max_index=0;
    //测试用例编号
    for (Integer i : C_Case) {
        //遍历当前剩余测试用例位序
        int current_num=0;
        //当前满足测试需求个数
        for (Integer j : C_Need) {
            //遍历当前剩余测试需求位序
            if (matrix[i][j]==1) current_num++;
        }
        if (current_num >Max_num) {
            //更新最大满足测试需求个数
            Max_num=current_num;
            Max_index=i;
        }
    }
    for (int i=0; i<Need; i++) {
        //移除已满足的测试需求
        if (matrix[Max_index][i]==1) C_Need.remove((Integer) i);
    }
    C_Case.remove((Integer) Max_index);
    //移除已被选中的测试用例
    result.add(Max_index);
}
return result;
    }
}
```

附录 B   HGS 算法主要代码

```java
public class HGSAlgorithm {
    public static ArrayList< Integer>algorithm(int[][] matrix) {
        int Case=matrix.length;
        //测试用例数
        int Need=matrix[0].length;
        //测试需求数
        ArrayList< Integer>result=new ArrayList<>();
        //结果集
        if (Case==1) {
            //当测试用例数为 1 时,直接返回
            result.add(0);
            return result;
        }
        if (Need==1) {
            //当测试需求数为 1 时,返回第一个满足的测试用例
            for (int i=0; i<Case; i++) {
                if (matrix[i][0]==1) {
                    result.add(i);
                    return result;
                }
            }
        }
        //part 1:求解 Ri 集合的集合 R
        Map< Integer, ArrayList< Integer>>R_Need=new HashMap<>();
        //R 集合
        Set< Integer>r_Need=new HashSet<>();
```

```
    //R_index 集合
    for (int i=0; i<Need; i++) {
        //计算 Ri 集合
        int current_Need=0;
        //第 i 个测试用例满足的测试需求数
        for (int[] ints : matrix) if (ints[i]==1) current_Need++;
        boolean ret=r_Need.add(current_Need);
        //将被 i 个测试用例满足的测试需求加入 R_index 集合
        ArrayList<Integer>R_i_Need;
        if (ret)
            //如果 R 中没有 R[i],则新建一个 R[i]
            R_i_Need=new ArrayList<>();
        else
            //如果 R 中有 R[i],则取出 R[i]
            R_i_Need=R_Need.get(current_Need);
        R_i_Need.add(i);
        //将 ri 加入被 i 个测试用例满足的测试需求集合
        R_Need.put(current_Need, R_i_Need);
        //对于 R 中的每一项 R[i],有 R[i].index=r_Need[i]
    }
    ArrayList<Integer>C_Case=new ArrayList<>();
    //当前剩余测试用例位序
    ArrayList<Integer>C_Need=new ArrayList<>();
    //当前剩余测试需求位序
    for (int i=0; i<Case; i++) C_Case.add(i);
    for (int i=0; i<Need; i++) C_Need.add(i);
    int cnt=0;
    ArrayList<Integer> Index_R=new ArrayList<>(r_Need);
    //R_index 集合,用于对 Ri 集合的索引排序
    Collections.sort(Index_R);
    //对 Ri 集合的索引从小到大排序
    if (Index_R.get(0)==1) {
//当 R1 存在时,直接移除测试用例队列中的对应用例,并将测试用例加入结果集
        ArrayList<Integer>list=R_Need.get(1);
```

```
    for (Integer j : list) { //ri
        for (int i=0; i<Case; i++) { //ti
            if (matrix[i][j]==1) {
                C_Case.remove((Integer) i);
                //移除测试用例队列中的对应用例
                if (!result.contains(i))
                    result.add(i);
                //将测试用例加入结果集
                break;
            }
        }
    }
    result.forEach(i->{
        for (int j=0; j<Need; j++) {
            if (matrix[i][j]==1)
                //当 R1 存在时,移除测试需求队列中的对应需求
                C_Need.remove((Integer) j);
        }
    });
    cnt++;
}
//part 2:贪心算法计算测试用例
while (!C_Need.isEmpty() && cnt<Index_R.size()-1) {
    //循环结束条件:所有测试需求已满足或遍历完所有 Ri
    ArrayList<Integer> list= greedy(matrix, C_Case, C_Need, R_Need,
    Index_R, cnt, Index_R.size());
    //计算能够满足 Ri 集合中测试需求的测试集
    result.addAll(list);
    //将测试集加入结果集
    cnt++;
    //遍历下一个 Ri
}
return result;
}
```

```
private static ArrayList< Integer>greedy(int[][] matrix, ArrayList< In-
teger>C_Case,
    ArrayList< Integer>C_Need,
    Map< Integer, ArrayList< Integer>>R_Need,
    ArrayList< Integer>Index_R,
    int Ri, int R_Max) {
    ArrayList< Integer>Current_Need=new ArrayList< > (R_Need.get (Index_
    R.get (Ri)));            //当前计算所用到的测试需求位序
    int Case=matrix.length;
    //测试用例数
    int Need=matrix[0].length;
    //测试需求数
    ArrayList< Integer>result=new ArrayList<> ();
    //结果集
    while (! C_Need.isEmpty() && ! Current_Need.isEmpty()) {
        //循环结束条件:当前测试需求或全部测试需求已满足
        ArrayList< Integer>Max_Current=new ArrayList<> ();
        //当前能满足最多测试需求的测试用例集
        int Max_index= Max_index(Max_Current, matrix, C_Case, Current_
        Need);
        int cnt=1;
        while (Max_Current.size() >1) {
            //满足最多的测试需求的测试用例不唯一
            if (Ri+cnt<R_Max) {
                ArrayList< Integer>recursion_Case=new ArrayList< > (Max_
                Current);
                ArrayList< Integer> recursion_Need=new ArrayList < > (R_
                Need.get (Index_R.get (cnt+Ri)));
                Max_index = Max_index (Max_Current, matrix, recursion_
                Case, recursion_Need);
                cnt++;
            }else {
            //当遍历完所有 Ri,仍未得到唯一值时,则随机选择其中一个测试用例
                Max_index=Max_Current.get (0);
```

```
                Max_Current.clear();
            }
        }
        for (int i=0; i<Need; i++) {
            //移除已满足的测试需求
            if (matrix[Max_index][i]==1) C_Need.remove((Integer) i);
        }
        C_Case.remove((Integer) Max_index);
        //移除已被选中的测试用例
        result.add(Max_index);
        //将测试用例加入结果集
    }
    return result;
}


private static int Max_index(ArrayList<Integer>Max_Current, int[][] ma-
trix,
    ArrayList<Integer>C_Case,
    ArrayList<Integer>C_Need) {
        //计算能够满足 Ri 集合中最多测试需求的测试集
        int Max_num=0;
        //最大满足测试需求个数
        int Max_index=0;
        //测试用例编号
        for (Integer i : C_Case) {
            //遍历当前剩余测试用例位序
            int current_num=0;
            //当前满足测试需求个数
            for (Integer j : C_Need) {
                //遍历当前的测试需求位序
                if (matrix[i][j]==1) current_num++;
            }
            if (current_num >Max_num) {
                //更新最大满足测试需求个数
```

```
                Max_num=current_num;

                Max_index=i;

                Max_Current.clear();

                //清空当前最大满足测试需求集

                Max_Current.add(i);

                //将当前测试用例加入最大满足测试需求集

            }else if (current_num==Max_num) {

                Max_Current.add(i);

                //将当前测试用例加入最大满足测试需求集

            }

        }

        return Max_index;

        //返回能满足当前 Ri 中最多测试需求的测试用例的位序

    }

}


public class HGSAlgorithm {

    public static ArrayList< Integer>algorithm(int[][] matrix) {

        int Case=matrix.length;                    //测试用例数

        int Need=matrix[0].length;                 //测试需求数

        ArrayList< Integer>result=new ArrayList<>();  //结果集

        if (Case==1) {                    //当测试用例数为 1 时,直接返回

            result.add(0);

            return result;

        }

        if (Need==1) {       //当测试需求数为 1 时,返回第一个满足的测试用例

            for (int i=0; i<Case; i++) {

                if (matrix[i][0]==1) {

                    result.add(i);

                    return result;

                }

            }

        }

        //part 1:求解 Ri 集合的集合 R
```

```java
Map< Integer, ArrayList< Integer>>R_Need=new HashMap<>();
                                            //R 集合
Set< Integer>r_Need=new HashSet<>();            //R_index 集合
for (int i=0; i<Need; i++) {                     //计算 Ri 集合
    int current_Need=0;             //第 i 个测试用例满足的测试需求数
    for (int[] ints : matrix) if (ints[i]==1) current_Need++;
    boolean ret=r_Need.add(current_Need);
                        //将被 i 个测试用例满足的测试需求加入 R_index 集合
    ArrayList< Integer>R_i_Need;
    if (ret)            //如果 R 中没有 R[i],则新建一个 R[i]
        R_i_Need=new ArrayList<>();
    else                //如果 R 中有 R[i],则取出 R[i]
        R_i_Need=R_Need.get(current_Need);
    R_i_Need.add(i);   //将 ri 加入被 i 个测试用例满足的测试需求集合
    R_Need.put(current_Need, R_i_Need);
                        //对于 R 中的每一项 R[i],有 R[i].index=r_Need[i]
}
ArrayList< Integer>C_Case=new ArrayList<>();
                        //当前剩余测试用例位序
ArrayList< Integer>C_Need=new ArrayList<>();
                        //当前剩余测试需求位序
for (int i=0; i<Case; i++) C_Case.add(i);
for (int i=0; i<Need; i++) C_Need.add(i);
int cnt=0;
ArrayList< Integer>Index_R=new ArrayList<>(r_Need);
                        //R_index 集合,用于对 Ri 集合的索引排序
Collections.sort(Index_R);      //对 Ri 集合的索引从小到大排序
if (Index_R.get(0)==1) {
//当 R1 存在时,直接移除测试用例队列中的对应用例,并将测试用例加入结果集
    ArrayList< Integer>list=R_Need.get(1);
    for (Integer j : list) {//ri
        for (int i=0; i<Case; i++) {//ti
            if (matrix[i][j]==1) {
```

```
                    C_Case.remove((Integer) i);
                                    //移除测试用例队列中的对应用例
                    if (!result.contains(i))
                        result.add(i);   //将测试用例加入结果集
                    break;
                }
            }
        }
        result.forEach(i->{
            for (int j=0; j<Need; j++) {
                if (matrix[i][j]==1)
                            //当 R1 存在时,移除测试需求队列中的对应需求
                    C_Need.remove((Integer) j);
            }
        });
        cnt++;
    }
    //part 2:贪心算法计算测试用例
    while (!C_Need.isEmpty() && cnt<Index_R.size()-1) {
                    //循环结束条件:所有测试需求已满足或遍历完所有 Ri
        ArrayList<Integer> list= greedy (matrix, C_Case, C_Need, R_
        Need, Index_R, cnt, Index_R.size());
                        //计算能够满足 Ri 集合中测试需求的测试集
        result.addAll(list);            //将测试集加入结果集
        cnt++;                          //遍历下一个 Ri
    }
    return result;
}


private static ArrayList<Integer>greedy(int[][] matrix, ArrayList<In-
teger>C_Case,
    ArrayList<Integer>C_Need,
    Map<Integer, ArrayList<Integer>>R_Need,
    ArrayList<Integer>Index_R,
```

```
int Ri, int R_Max) {
    ArrayList<Integer>Current_Need=new ArrayList<>(R_Need.get(In-
    dex_R.get(Ri)));                    //当前计算所用到的测试需求位序
    int Case=matrix.length;            //测试用例数
    int Need=matrix[0].length;         //测试需求数
    ArrayList<Integer>result=new ArrayList<>();   //结果集
    while (! C_Need.isEmpty() && ! Current_Need.isEmpty()) {
                    //循环结束条件:当前测试需求或全部测试需求已满足
        ArrayList<Integer>Max_Current=new ArrayList<>();
                            //当前能满足最多测试需求的测试用例集
        int Max_index=Max_index(Max_Current, matrix, C_Case, Current
        _Need);
        int cnt=1;
        while (Max_Current.size()>1) {
                            //满足最多的测试需求的测试用例不唯一
            if (Ri+cnt<R_Max) {
                ArrayList<Integer> recursion_Case=new ArrayList<>
                (Max_Current);
                ArrayList<Integer>recursion_Need=new ArrayList<>(R
                _Need.get(Index_R.get(cnt+Ri)));
                Max_index=Max_index(Max_Current, matrix, recursion_
                Case, recursion_Need);
                cnt++;
            }else {
            //当遍历完所有 Ri,仍未得到唯一值时,则随机选择其中一个测试用例
                Max_index=Max_Current.get(0);
                Max_Current.clear();
            }
        }
        for (int i=0; i<Need; i++) {    //移除已满足的测试需求
            if (matrix[Max_index][i]==1) C_Need.remove((Integer) i);
        }
        C_Case.remove((Integer) Max_index); //移除已被选中的测试用例
        result.add(Max_index);          //将测试用例加入结果集
```

```
        }
        return result;
    }


private static int Max_index(ArrayList<Integer>Max_Current, int[][]
matrix,
    ArrayList<Integer>C_Case,
    ArrayList<Integer>C_Need) {
                                    //计算能够满足 Ri 集合中最多测试需求的测试集
    int Max_num=0;                   //最大满足测试需求个数
    int Max_index=0;                 //测试用例编号
    for (Integer i : C_Case) {       //遍历当前剩余测试用例位序
        int current_num=0;           //当前满足测试需求个数
        for (Integer j : C_Need) {   //遍历当前的测试需求位序
            if (matrix[i][j]==1) current_num++;
        }
        if (current_num >Max_num) { //更新最大满足测试需求个数
            Max_num=current_num;
            Max_index=i;
            Max_Current.clear();     //清空当前最大满足测试需求集
            Max_Current.add(i);   //将当前测试用例加入最大满足测试需求集
        }else if (current_num==Max_num) {
            Max_Current.add(i);    //将当前测试用例加入最大满足测试需求集
        }
    }
    return Max_index;  //返回能满足当前 Ri 中最多测试需求的测试用例的位序
    }
}
```

附录 C ACA 算法主要代码

```
public class ACAAlgorithm {
private static int T;                    //迭代的次数
private static double ALPHA;             //信息素的重要程度
private static double BETA;              //测试覆盖率的重要程度
private static double RHO;               //信息素的挥发系数
private static double Q;                 //信息素的增加常数
private final int Case;                  //测试用例的数量
private final int Need;                  //测试需求的数量

private final int ant_num;               //蚂蚁的数量
private final double[][] pheromone;      //信息素矩阵
private final int[][] matrix;            //测试用例集_测试需求集矩阵
private final int[] Case_Cost;           //每个测试用例集的总测试代价
private final int[] coverage;            //测试覆盖率数组
private int[] bestSolution;              //最优解
private int bestFitness;              //最优适应度,即当前最优解中全部测试代价总和
private final Random random;             //随机数生成器
/**

    *构造方法,初始化 ACA 算法
    *@ param matrix 测试用例集_测试需求集矩阵
    *@ param Case_Cost 每个测试用例集的总测试代价
    *@ param T 迭代的次数
    *@ param ALPHA 信息素的重要程度
    *@ param BETA 测试覆盖率的重要程度
    *@ param RHO 信息素的挥发系数
    *@ param Q 信息素的增加常数
```

软件测试用例集约简算法研究

```
        */
    public ACAAlgorithm(int[][] matrix, int[] Case_Cost,int T,double ALPHA,
double BETA,double RHO,double Q) {
        ACAAlgorithm.T=T;
        ACAAlgorithm.ALPHA=ALPHA;
        ACAAlgorithm.BETA=BETA;
        ACAAlgorithm.RHO=RHO;
        ACAAlgorithm.Q=Q;
        this.Need=matrix[0].length;
        //根据测试需求数初始化迭代参数
        this.Case=matrix.length;
        //根据测试用例数初始化迭代参数
        this.ant_num=matrix.length;
        //根据测试需求数初始化蚂蚁数量
        this.pheromone=new double[Case][Case];
        //根据测试用例数初始化信息素矩阵
        this.matrix=matrix;
        //初始化测试用例集_测试需求集矩阵
        this.Case_Cost=Case_Cost;
        //初始化测试代价数组
        coverage=new int[Case];
        //初始化覆盖度数组
        random=new Random();
        bestFitness=Integer.MAX_VALUE-1;
        //初始化最优适应度
        for (int i=0; i<Case; i++) {
            //初始化信息素矩阵,每条边上的信息素都设为 1.0
            Arrays.fill(pheromone[i], 1.0);
        }

        for (int i=0; i<Case; i++) {
            for (int j=0; j<Need; j++) {
                if (matrix[i][j]==1) {
                    coverage[i]++;
```

· 120 ·

```
                          //计算覆盖度,即每个测试用例集满足需求数
                    }
              }
        }
}


public Map<Integer, ArrayList<Integer>> run() {
    //执行 ACA算法
    Map<Integer, ArrayList<Integer>> result=new HashMap<>();
    //初始化返回结果
    ArrayList<Integer> res=new ArrayList<>();
    if (Case==1) {
        //当测试用例数为1时,直接返回
        res.add(0);
        result.put(0, res);
        return result;
    }
    if (Need==1) {
        //当测试需求数为1时,返回第一个满足的测试用例
        for (int i=0; i<Case; i++) {
            if (matrix[i][0]==1) {
                res.add(i);
                result.put(0, res);
                return result;
            }
        }
    }
    for (int t=0; t<T; t++) {
        //迭代次数
        ArrayList<Ant> ants=new ArrayList<>();
                                     //创建 M 只蚂蚁
        for (int m=0; m<ant_num; m++) {
            ants.add(new Ant());
        }
```

软件测试用例集约简算法研究

```
    for (Ant ant : ants) {
        //每只蚂蚁从一个随机的节点出发,构建测试用例子集
        ant.run();
    }
    for (Ant ant : ants) {
        //更新最优解和最优适应度
        if (ant.fitness<bestFitness) {
            result.put(0, ant.tabuList);
            bestFitness=ant.fitness;
            bestSolution=ant.solution.clone();
        }
    }
//System.out.println(Arrays.toString(bestSolution));
//每轮循环最优解数组
//System.out.println(bestFitness);
//每轮循环最优适应度
    updatePheromone(ants);
        //更新信息素矩阵
    }
    return result;
}


public void updatePheromone(ArrayList<Ant>ants) {
    //更新信息素
    for (int i=0; i<Case; i++) {
        for (int j=0; j<Case; j++) {
            pheromone[i][j]*=(1.0-RHO);
            //信息素挥发
            if (pheromone[i][j]<1.0)
                pheromone[i][j]=1.0;
        }
    }
    for (Ant ant : ants) {                    //遍历每个蚂蚁
        int[] solution=ant.solution;
```

```
        for (int i=0; i<Case-1; i++) {
            if (solution[i]==1) {
                for (int j=i+1; j<Case; j++) {
                    //遍历蚂蚁走过的所有节点
                    if (solution[j]==1) {
                        pheromone[i][j]+=Q / Case_Cost[j];
                        //信息素增加
                        if (pheromone[i][j] >5.0)
                            pheromone[i][j]=5.0;
                        //信息素上限
                        break;
                    }
                }
            }
        }
}


public class Ant {
    private final int[] solution;
    //解决方案,即测试用例子集
    private final ArrayList< Integer>surplus_Need;
    //当前仍未满足需求集
    private int fitness;
    //适应度,即禁忌表中全部测试代价总和
    private final ArrayList< Integer>tabuList;
    //禁忌表,即已经访问过的节点
    private final ArrayList< Integer>allowedList;
    //允许表,即还没有访问过的节点

    public Ant() {
        //初始化变量
        solution=new int[Case];
        //初始化解决方案数组
```

```
    fitness=0;
    //初始化适应度
    tabuList=new ArrayList<>();
    allowedList=new ArrayList<>();
    surplus_Need=new ArrayList<>();
    for (int i=0; i<solution.length; i++) {
        //根据测试用例数初始化允许表
        allowedList.add(i);
    }
    for (int i=0; i<Need; i++) {
        //根据测试需求数初始化当前仍未满足需求集
        surplus_Need.add(i);
    }
}


public void run() {
    //运行蚁群算法
    this.selectInitialNode();
    while (! this.isCompleted()) {
        this.selectNextNode();
    }
}


public void selectInitialNode() {
    //随机选择一个节点作为初始节点
    int initialNode=random.nextInt(Case);
    //将该节点加入解决方案和禁忌表,从允许表中移除
    solution[initialNode]=1;
    tabuList.add(initialNode);
    allowedList.remove((Integer) initialNode);
    fitness+=Case_Cost[initialNode];
    //将该节点的需求移除
    for (int i=0; i<Need; i++) {
        if (matrix[initialNode][i]==1)
```

```
            surplus_Need.remove((Integer) i);
        }
    }


public void selectNextNode() {
    //计算每个允许节点的选择概率 P_ij
    double[] probability=new double[Case];
    double sum=0.0;
    for (int i : allowedList) {
        //(τ_ij^α)*(η_ij^β)   n_ij=1/dj=cov(tj)/cos(tj)
        probability[i]=Math.pow(pheromone[tabuList.get(tabuList.
        size()-1)][i], ALPHA)*Math.pow(coverage[i]*1.0 / Case_Cost
        [i], BETA);
        sum+=probability[i];
        //∑_(s=1)^n (τ_ij^α)*(η_ij^β)
    }
    for (int i : allowedList) {
        probability[i] /=sum;
        //P_ij=(τ_ij^α)*(η_ij^β)/∑_(s=1)^n (τ_ij^α)*(η_ij^β)
    }
    double Max_probability=0.0;
    //初始化最大概率
    int nextNode=0;
    for (int i : allowedList) {
        //遍历允许表,选择最大概率的节点
        if (probability[i] >Max_probability) {
            Max_probability=probability[i];
            nextNode=i;
        }
    }
    //将该节点加入解决方案和禁忌表,从允许表中移除
    solution[nextNode]=1;
    tabuList.add(nextNode);
    allowedList.remove((Integer) nextNode);
```

```
            fitness+=Case_Cost[nextNode];
            //将该节点的需求值移除
            for (int i=0; i<Need; i++) {
                if (matrix[nextNode][i]==1)
                    surplus_Need.remove((Integer) i);
            }
        }

    public boolean isCompleted() {        //判断是否完成构建测试用例子集
        //当前测试需求全部满足或允许表为空
        return surplus_Need.isEmpty() || allowedList.isEmpty();
    }


    }
}
```

附录 D　TSR-ACA 算法主要代码

```
public class TSR_ACAAlgorithm {
private static int T_0;                //迭代的次数
private static final int T_1=100;      //迭代的次数
private static final int t=2;          //进化率小于 0.5% 的次数 -1
private static double ALPHA;           //信息素的重要程度
private static double BETA;            //测试覆盖率的重要程度
private static double RHO;             //信息素的挥发系数
private static double Q;               //信息素的增加常数
private static double Mut;             //蚂蚁不变异的概率
private static double ER=0.005;        //种群进化率
private final int Case;                //测试用例的数量
private final int Need;                //测试需求的数量


private final int ant_num;             //蚂蚁的数量
private final double[][] pheromone;    //信息素矩阵
private final int[][] matrix;          //测试用例集_测试需求集矩阵
private final int[] Case_Cost;         //每个测试用例集的总测试代价
private final int[] coverage;          //测试覆盖率数组
private byte[] currentSolution;        //当代最优解
private byte[] previousSolution;       //上一代最优解
private int bestFitness;        //最优适应度,即当前最优解中全部测试代价总和
int generation;                        //当前代数
int Cnt=1;                             //进化率低于 0.5% 的次数
private final Random random;           //随机数生成器
/**
*构造函数 (TSR—ACA算法自身构造函数)
```

```
 * @ param matrix 测试用例集_测试需求集矩阵
 * @ param Case_Cost 每个测试用例集的总测试代价
 * @ param T 迭代次数
 * @ param ALPHA 信息素的重要程度
 * @ param BETA 测试覆盖率的重要程度
 * @ param RHO 信息素的挥发系数
 * @ param Q 信息素的增加常数
 * @ param Mut 蚂蚁不变异的概率
 */
public TSR_ACAAlgorithm(int[][] matrix, int[] Case_Cost,int T,double AL-
PHA,double BETA,double RHO,double Q,double Mut) {
    TSR_ACAAlgorithm.T_0=T;
    TSR_ACAAlgorithm.ALPHA=ALPHA;
    TSR_ACAAlgorithm.BETA=BETA;
    TSR_ACAAlgorithm.RHO=RHO;
    TSR_ACAAlgorithm.Q=Q;
    TSR_ACAAlgorithm.Mut=Mut;
    this.matrix=matrix;                      //测试用例集_测试需求集矩阵
    this.Case_Cost=Case_Cost;                //每个测试用例集的总测试代价
    this.Need=matrix[0].length;              //根据测试需求数初始化迭代参数
    this.Case=matrix.length;                 //根据测试用例数初始化迭代参数
    this.ant_num=matrix.length;              //根据测试需求数初始化蚂蚁数量
    this.pheromone=new double[Case][Case];
                                             //根据测试用例数初始化信息素矩阵
    coverage=new int[Case];                  //初始化覆盖度数组
    random=new Random();
    bestFitness=Integer.MAX_VALUE - 1;       //初始化最佳适应度
    generation=0;                            //初始化代数
    for (int i=0; i<Case; i++) {
                           //初始化信息素矩阵,每条边上的信息素都设为 1.0
        Arrays.fill(pheromone[i], 1.0);
    }

    for (int i=0; i<Case; i++) {
```

```
        for (int j=0; j<Need; j++) {
            if (matrix[i][j]==1) {
                coverage[i]++;    //计算覆盖度,即每个测试用例集满足需求数
            }
        }
    }
}
/**
```

* 构造函数 (被 TSR-GAA 算法调用时执行的构造函数,即 TSR-GAA 算法中蚁群算法的
实现部分)
* @ param matrix 测试用例集_测试需求集矩阵
* @ param Case_Cost 每个测试用例集的总测试代价
* @ param pheromone 根据遗传算法计算得到的初始信息素矩阵
* @ param ALPHA 信息素的重要程度
* @ param BETA 测试覆盖率的重要程度
* @ param RHO 信息素的挥发系数
* @ param Q 信息素的增加常数
* @ param Mut 蚂蚁不变异的概率
* @ param ER 进化率
* /

```
public TSR_ACAAlgorithm(int[][] matrix, int[] Case_Cost,double[][]
pheromone,double ALPHA,double BETA,double RHO,double Q,double Mut,doub-
le ER) {
    TSR_ACAAlgorithm.ALPHA=ALPHA;
    TSR_ACAAlgorithm.BETA=BETA;
    TSR_ACAAlgorithm.RHO=RHO;
    TSR_ACAAlgorithm.Q=Q;
    TSR_ACAAlgorithm.Mut=Mut;
    TSR_ACAAlgorithm.ER=ER;
    this.matrix=matrix;                  //测试用例集_测试需求集矩阵
    this.Case_Cost=Case_Cost;            //每个测试用例集的总测试代价
    this.Need=matrix[0].length;          //根据测试需求数初始化迭代参数
    this.Case=matrix.length;             //根据测试用例数初始化迭代参数
    this.ant_num=matrix.length;          //根据测试需求数初始化蚂蚁数量
```

```
    this.pheromone=pheromone;         //根据遗传算法结果初始化信息素矩阵
    coverage=new int[Case];           //初始化覆盖度数组
    random=new Random();
    generation=0;                     //初始化代数
    bestFitness=Integer.MAX_VALUE-1;  //初始化最佳适应度


    for (int i=0; i<Case; i++) {
        for (int j=0; j<Need; j++) {
            if (matrix[i][j]==1) {
                coverage[i]++;    //计算覆盖度,即每个测试用例集满足需求数
            }
        }
    }
}


public Map<Integer, ArrayList<Integer>> run(int pattern) {
                                //执行 ACA 算法
    Map<Integer,ArrayList<Integer>> result=new HashMap<>();
    ArrayList<Integer> res=new ArrayList<>();
    if (Case==1) {//当测试用例数为 1 时,直接返回
        res.add(0);
        result.put(0, res);
        return result;
    }
    if (Need==1) {//当测试需求数为 1 时,返回第一个满足的测试用例
        for (int i=0; i<Case; i++) {
            if (matrix[i][0]==1) {
                res.add(i);
                result.put(0, res);
                return result;
            }
        }
    }
    do{//迭代
```

```
        ArrayList<Ant>ants=new ArrayList<>();                //创建 M 只蚂蚁
        for (int m=0; m<ant_num; m++) {
            ants.add(new Ant());
        }
        ants.parallelStream().forEach(Ant::run);
                                        //创建 M 只蚂蚁并行执行,计算当前
        if (generation>0)
                    //当代数大于 0 时,将当前最优解赋值给上一代最优解
            previousSolution=currentSolution.clone();
                        //更新上一代最优解,即当前最优解,用于计算进化率
            for (Ant ant:ants) {      //更新最优解和最优适应度
                if (ant.fitness<bestFitness) {
                    result.put(0, ant.tabuList);
                    bestFitness=ant.fitness;
                    currentSolution=ant.solution.clone();
                }
            }
            generation++;           //代数加一
            updatePheromone(ants);//更新信息素矩阵
        }while (! isTerminated(pattern));
                                //迭代终止条件:迭代次数或进化率
        return result;
    }
    public boolean isTerminated(int pattern) {   //迭代终止条件
        if (pattern==0) {               //模式一,固定迭代次数 T_0
        return generation>T_0;
        }else {     //模式二,最大迭代次数 T_1,当进化率小于 0.5% 时终止迭代
            if (generation>T_1)
                return true;
            else
                return computeEvolutionRate();
        }
    }
    public Boolean computeEvolutionRate(){
```

```
//计算进化率(采用二进制位运算,提高计算效率)
//使用汉明距离 (Hamming distance) 来衡量两个二进制串的相似度
    if (generation==1)
        return false;
    double rate;                              //进化率
    BigInteger currentFittest=new BigInteger(previousSolution);
                                              //当前最优解
    BigInteger previousFittest=new BigInteger(currentSolution);
                                              //上一代最优解
    BigInteger xor=currentFittest.xor(previousFittest);
                              //对两个二进制串异或运算,判断其有多少二进制位不同
    int num=xor.bitCount();               //计算异或结果中 1 的个数
    rate=num* 1.0/Case;                    //计算进化率
    if (rate<=ER) {                        //进化率低于 0.5%
        if (Cnt<t) {                       //进化率低于 0.5% 的次数小于 t 时,继续迭代
            Cnt++;                         //计数器加一
            return false;
        }else                  //进化率低于 0.5% 的次数大于等于 t 时,终止迭代
            return true;
    }else {                                //进化率大于 0.5%,继续迭代
        Cnt=0;
        return false;
    }
}

public void updatePheromone(ArrayList<Ant>ants) {
            //更新信息素,信息素的更新策略:1.信息素挥发;2.信息素增加
    for (int i=0; i<Case; i++) {
        for (int j=0; j<Case; j++) {
            pheromone[i][j]*=(1-RHO);        //信息素挥发
            if (pheromone[i][j]<1.0)
                pheromone[i][j]=1.0;         //信息素下限
        }
    }
```

```
for (Ant ant:ants) {                    //对每个蚂蚁走过的路径,更新信息素
    byte[] solution=ant.solution;
    for (int i=0; i<Case-1; i++) {
        if (solution[i]==1) {
            for (int j=i+1; j<Case; j++) {
                if (solution[j]==1) {
                    pheromone[i][j] +=Q/Case_Cost[j];
                                        //信息素增加
                    if (pheromone[i][j]>5.0)
                        pheromone[i][j]=5.0;
                                        //信息素上限
                    break;
                }
            }
        }
    }
}


public class Ant {
    private byte[] solution;
    private ArrayList< Integer>surplus_Need;   //当前仍未满足需求集
    private int fitness;                //适应度,即禁忌表中全部测试代价总和
    private ArrayList< Integer>tabuList;   //禁忌表,即已经访问过的节点
    private ArrayList< Integer>allowedList;
                                        //允许表,即还没有访问过的节点


    public Ant() {
        //初始化变量
        solution=new byte[Case];        //初始化解决方案数组
        fitness=0;                      //初始化适应度
        tabuList=new ArrayList<>();
        allowedList=new ArrayList<>();
        surplus_Need=new ArrayList<>();
```

```
        for (int i=0; i<solution.length; i++) {
                                    //根据测试用例数初始化允许表
            allowedList.add(i);
        }
        for (int i=0; i<Need; i++) {
                            //根据测试需求数初始化当前仍未满足需求集
            surplus_Need.add(i);
        }
    }


    public void run() {//运行蚁群算法
        this.selectInitialNode();
        while (! this.isCompleted()) {
            this.selectNextNode();
        }
    }


    public void selectInitialNode() {//随机选择一个节点作为初始节点
        int initialNode=random.nextInt(Case);
        //将该节点加入解决方案和禁忌表,从允许表中移除
        solution[initialNode]=1;
        tabuList.add(initialNode);
        allowedList.remove((Integer) initialNode);
        fitness +=Case_Cost[initialNode];
        //将该节点的需求移除
        for (int i=0; i<Need; i++) {
            if (matrix[initialNode][i]==1)
                surplus_Need.remove((Integer) i);
        }
    }


    public void selectNextNode() {
        //计算每个允许节点的选择概率 P_ij
        double[] probability=new double[Case];
```

```
double sum=0.0;
    for (int i : allowedList) {//(τ_ij^α)* (η_ij^β) n_ij=1/dj
    =cov(tj)/cos(tj)
        probability[i] = Math. pow (pheromone[tabuList. get
    (tabuList.size() - 1)][i], ALPHA)*Math.pow(coverage[i]*
    1.0 / Case_Cost[i], BETA);
        sum+=probability[i];//∑_(s=1)^n (τ_ij^α)* (η_ij^β)
    }
    for (int i : allowedList) {
        probability[i] /=sum;//P_ij=(τ_ij^α)* (η_ij^β)/∑_
    (s=1)^n (τ_ij^α)* (η_ij^β)
    }


    double Max_probability=0.0;      //初始化最大概率
    int nextNode=0;
    double ran=random.nextDouble(); //ran->[0,1]
    if (ran<=Mut) {                   //未变异蚂蚁
        for (int i : allowedList) {
                        //遍历允许表,选择最大概率的节点
            if (probability[i]>Max_probability) {
                Max_probability=probability[i];
                nextNode=i;
            }
        }
    }else {//变异蚂蚁
        int nextNode_index= random. nextInt (allowedList. size
        ());                          //随机选择一个节点
        nextNode=allowedList.get(nextNode_index);
    }
    //将该节点加入解决方案和禁忌表,从允许表中移除
    solution[nextNode]=1;
    tabuList.add(nextNode);
    allowedList.remove((Integer) nextNode);
    fitness +=Case_Cost[nextNode];
```

```
                    //将该节点的需求值移除
                    for (int i=0; i<Need; i++) {
                        if (matrix[nextNode][i]==1)
                            surplus_Need.remove((Integer) i);
                        }
                    }


                    public boolean isCompleted() {
                                        //判断是否完成构建测试用例子集
                                        //当前测试需求全部满足或允许表为空
                        return surplus_Need.isEmpty() || allowedList.isEmpty();
                    }


                }
            }
```

附录 E　TSR-GAA 算法主要代码

```
public class TSR_GAAlgorithm {
    //定义遗传算法的参数
    static int MAX_GEN=50;                  //最大遗传代数
    static int MIN_GEN=15;                  //最小遗传代数
    static double PC=0.8;                   //交叉概率
    static double PM=0.01;                  //变异概率
    static double ER=0.05;                  //进化率
    private final int Case;                 //测试用例的数量
    private final int Need;                 //测试需求的数量
    private double[][] pheromone;           //信息素矩阵
    private final int[][] matrix;           //测试用例集_测试需求集矩阵
    private final int[] Case_Cost;          //每个测试用例集的总测试代价
                                            //定义遗传算法类的属性
        Population population;              //种群对象
        Individual previousFittest;         //上一代最适应的个体
        Individual currentFittest;          //当代最适应的个体
    int generation;                         //当前代数
    int Cnt=0;                              //进化率 ER 未达到 5% 的次数
    private final Random random;
    private final ACAAlgorithmConfig ACAAlgorithmConfig;
                                            //蚁群算法配置

    /**
     *构造方法,初始化遗传算法类
     * @param matrix 测试用例集_测试需求集矩阵
     * @param Case_Cost 每个测试用例集的总测试代价
```

```
    * @ param ACAAlgorithmConfig 蚁群算法配置
    */
public TSR_GAAlgorithm(int[][] matrix, int[] Case_Cost, ACAAlgo-
rithmConfig ACAAlgorithmConfig) {
    this.ACAAlgorithmConfig=ACAAlgorithmConfig;
    MIN_GEN=ACAAlgorithmConfig.TSR_GAA_Min_T;
    MAX_GEN=ACAAlgorithmConfig.TSR_GAA_Max_T;
    ER=ACAAlgorithmConfig.ER_GAA;
    PC=ACAAlgorithmConfig.TSR_GAA_PC;
    PM=ACAAlgorithmConfig.TSR_GAA_PM;
    this.matrix=matrix;
    this.Case_Cost=Case_Cost;
    this.Need=matrix[0].length;    //根据测试需求数初始化迭代参数
    this.Case=matrix.length;        //根据测试用例数初始化迭代参数
    this.pheromone=new double[Case][Case];
                                //根据测试用例数初始化信息素矩阵
    previousFittest=null;
    currentFittest=null;
    random=new Random();
    population=new Population();
    generation=1;
}


void crossover(Individual one, Individual two) {//交叉算子:单点交叉
    int crossPoint=random.nextInt(Case);
    byte[] mid_one=Arrays.copyOfRange(one.genes_c,0,crossPoint);
    byte[] mid_two=Arrays.copyOfRange(two.genes_c,0,crossPoint);
    System.arraycopy(mid_two,0,one.genes_c,0,crossPoint);
                            //将交叉点之前的所有基因互换
    System.arraycopy(mid_one,0,two.genes_c,0,crossPoint);
    one.Genes=new BigInteger(one.genes_c);
                            //更新二进制基因串
    two.Genes=new BigInteger(two.genes_c);
}
```

```
void mutation(Individual one,Individual two) {
                              //变异算子:随机改变一个基因位
    int mutatePoint=random.nextInt(Case);
    if (one.genes_c[mutatePoint]==1) {
        one.genes_c[mutatePoint]=0;
    }else {
        one.genes_c[mutatePoint]=1;
    }
    if (two.genes_c[mutatePoint]==1) {
        two.genes_c[mutatePoint]=0;
    }else {
            two.genes_c[mutatePoint]=1;
    }
}
public boolean isTerminated() {    //终止循环条件
    population.findBestFitnessIndividual();
    if (generation==1)
        previousFittest=currentFittest.Clone();
    if (generation>MIN_GEN) {
        double rate;
        BigInteger xor=
currentFittest.Genes.xor(previousFittest.Genes);
                //对两个二进制串异或运算,判断其有多少二进制位不同
        int num=xor.bitCount();
        rate=num* 1.0/Case;
        if (rate<=ER) {              //进化率低于5%
            if (Cnt<2) {
                Cnt++;               //计数器加一
                return false;
            }
            else
                return true;
        }else {//进化率高于5% 时
            previousFittest=currentFittest.Clone();
```

```
            currentFittest=null;
            Cnt=0;                          //进化率高于 5% ,则重新计算次数
        }
    }
    return generation>MAX_GEN;
}
public int[] roulette(){                    //轮盘赌,根据适应度选择双亲
    int[] ret=new int[2];
    double[] fitness=new double[Need];
    double last=0.0;
    for (int i=0; i<fitness.length; i++) {
        fitness[i]=population.individuals[i].fitness;
        last+=fitness[i];
    }
    for (int i=0; i<fitness.length; i++) {
        fitness[i]/=last;
    }
    double r_1=random.nextDouble();
    double r_2=random.nextDouble();
    if (r_1==r_2)
        r_2=(r_1+r_2)% 1.0;
                            //确保两个随机数不相同,否则会导致两个双亲相同
                            //轮盘赌选择双亲
    double acc=0;       //累加权重
    int[] cnt=new int[2];   //计数器,用于判断是否已经选择到双亲
    for (int i=0; i<fitness.length; i++) {
            //遍历数组,累加权重,直到大于或等于随机数,返回对应的元素
        acc +=fitness[i];
        if (acc>=r_1 && cnt[0]==0) {//当第一个双亲选择到时,退出循环
            ret[0]=i;
            cnt[0]++;
        }
        if (acc>=r_2 && cnt[1]==0){//当第二个双亲选择到时,退出循环
            ret[1]=i;
```

```
                cnt[1]++;
        }
        if (cnt[0]==1&&cnt[1]==1)//当两个双亲都选择到时,退出循环
            break;
    }
    return ret;
}
public void computePheromone(){      //计算信息素矩阵
    double[] Fitness=new double[Case];
    List<Individual> genes_Filter=new ArrayList<>(Arrays.asList
    (population.individuals));
    Collections.sort(genes_Filter);
                            //将个体根据适应度大小从大到小排序
    int index=(int)(Need* 0.1);   //取适应度大小最大的前10%
    for (int i=0; i<Case; i++) {
        for (int j=0; j<index; j++) {
            Individual I=genes_Filter.get(j);
            if (I.genes_c[i]==1)
                Fitness[i]+=I.fitness;
        }
    }
    for (int i=0; i<Case; i++) {   //初始化信息素矩阵
        System.arraycopy(Fitness,0,pheromone[i],0,Case);
    }
    for (int i=0; i<Case; i++) {
        for (int j=0; j<Case; j++) {
            pheromone[i][j]+=1.0;
    //由于适应度值通常小于1,故全体加一使其满足大于信息素最小值下限
        }
    }
}
public ArrayList<Integer> run() {
    //第一部分:遗传算法,用于生成初始种群的信息素矩阵
```

```
//初始化种群
population.findBestFitnessIndividual();  //计算种群的适应度
//循环迭代
while (! isTerminated()) {//终止条件:达到最大代数或进化率低于 5%
    int index=0;
    Individual[]new_individuals=new Individual[Need];
                                        //新种群,用于存放下一代个体
    for (int i=1; i<Need; i+=2) {
        int[] parents=roulette(); //轮盘赌根据适应度选择双亲
        Individual
        P1=population.individuals[parents[0]].Clone();
        Individual
        P2=population.individuals[parents[1]].Clone();
        double r=random.nextDouble();
        if (r<PM)
            mutation(P1,P2);
        else if (r<PM+PC) {
            crossover(P1,P2);
        }
        new_individuals[index++]=P1;
        new_individuals[index++]=P2;
    }
    if (Need% 2==1)
    new_individuals[index]=population.getBestFittest().Clone();
    population.individuals=new_individuals;
    population.findBestFitnessIndividual();
    //population.getBestFittest().print();
    generation++;                       //种群代数加一
}
computePheromone();                     //计算信息素矩阵

//第二部分:调用 TSR-ACA算法,用于生成最终计算结果
TSR_ACAlgorithm tsr_acaAlgorithm=new
TSR_ACAlgorithm(matrix,Case_Cost,pheromone,
```

```
        ACAAlgorithmConfig.TSR_ACA_ALPHA, ACAAlgorithmConfig.TSR_ACA_
        BETA,
        ACAAlgorithmConfig.TSR_ACA_RHO, ACAAlgorithmConfig.TSR_ACA_Q,
        ACAAlgorithmConfig.TSR_ACA_Mut, ACAAlgorithmConfig.ER_ACA);
        return tsr_acaAlgorithm.run(1).get(0);
}
public class Individual implements Comparable<Individual> {
                                            //种群个体
    int index;
    byte[] genes_c;                         //基因数组(byte)
    double fitness;                         //适应度
    BigInteger Genes;                       //基因数组_二进制


                                            //构造方法
    public Individual(int index) {          //有参构造,初始化时使用
        int Cos=0;
        this.index=index;
        genes_c=new byte[Case];
        for (int i=0; i<Case; i++) {
            genes_c[i]=(byte) matrix[i][index];
            if (matrix[i][index]==1)
                Cos+=Case_Cost[i];
        }
        Genes=new BigInteger(genes_c);
        fitness=1.0/Cos;
    }
    public Individual() {                   //无参构造,克隆时使用
    }

    //计算个体的适应度
    public void calculateFitness() {
        int Cos=0;
        for (int i=0; i<genes_c.length; i++) {
            if (genes_c[i]==1)
```

```
            Cos+=Case_Cost[i];
        }
        fitness=1.0/Cos;


    }

    //复制个体
    public Individual Clone() {
        Individual individual=new Individual();
        individual.index=this.index;
        individual.fitness=this.fitness;
        individual.genes_c=this.genes_c.clone();
        individual.Genes=new BigInteger(genes_c);
        return individual;
    }

    //打印个体的基因和适应度
    public void print() {
        System.out.println(Arrays.toString(genes_c));
        System.out.println("Fitness: "+fitness);
    }

    @ Override
    public int compareTo(Individual o) {
            //重写 Comparable 接口的 compareTo 方法,根据适应度降序排列
        return (int) (o.fitness-this.fitness);
    }
}
public class Population {

    Individual[]individuals;              //个体数组
    double bestFittest;                   //最适应个体的适应度
    int bestIndex;                        //最适应个体的索引
```

```
//构造方法,初始化种群
public Population() {
    individuals=new Individual[Need];
    bestFittest=0;
    bestIndex=0;
    for (int i=0; i<Need; i++) {
        individuals[i]=new Individual(i);
    }
}


//计算种群的适应度
public void findBestFitnessIndividual() {
    bestFittest=0;                      //初始化最适应个体的适应度
    bestIndex=0;                        //初始化最适应个体的索引
    for (int i=0; i<Need; i++) {
        individuals[i].calculateFitness();
                                        //计算个体的适应度
        if (individuals[i].fitness>bestFittest) {
                                        //更新最适应个体
            bestFittest=individuals[i].fitness;
            bestIndex=i;
        }
    }
    currentFittest=individuals[bestIndex].Clone();
                                        //更新当代最适应个体
}


//获取最适应的个体
public Individual getBestFittest() {
    return individuals[bestIndex].Clone();
    }
}
}
```

附录 F   RTSR-HGS 算法主要代码

```java
public class RTSR_HGSAlgorithm {
static ArrayList< Integer>C_Case;                //剩余需求数
static ArrayList< Integer>C_Need;                //剩余测试用例数
static Map< Integer,ArrayList< Integer>>R;
                                                 //按被满足次数划分测试需求集合
static ArrayList< Integer>R_index;               //R集合的位序
/**
 * RTSR_HGS 算法
 * @ param matrix 测试用例集_测试需求集矩阵
 * @ param Case_Cost 每个测试用例集的总测试代价
 * @ param Error_Detection 每个测试用例集的错误检测率
 * @ return 结果集
 */
public static ArrayList< Integer> algorithm (int[][] matrix,int[] Case_
Cost,int[] Error_Detection) {
    int Case=matrix.length;                      //测试用例数
    int Need=matrix[0].length;                   //测试需求数
    double[] Cov=new double[Case];               //覆盖度
    int[] R_num=new int[Need];                   //每个测试需求被满足的次数
    double[] Val=new double[Case];               //度量值
    C_Case=new ArrayList<> ();                   //当前剩余测试用例位序
    C_Need=new ArrayList<> ();                   //当前剩余测试需求位序
    for (int i=0; i<Case; i++) C_Case.add(i);
    for (int i=0; i<Need; i++) C_Need.add(i);
    int cnt=0;
    ArrayList< Integer>result=new ArrayList<> (); //结果集
```

```
if (Case==1) {//当测试用例数为 1 时,直接返回
    result.add(0);
    return result;
}
if (Need==1) {//当测试需求数为 1 时,返回第一个满足的测试用例
    for (int i=0; i<Case; i++) {
        if (matrix[i][0]==1) {
            result.add(i);
            return result;
        }
    }
}
//part1:计算 R 集合及 R 的位序 R_Index
computeRandIndex(R_num,matrix);
//part2:计算每个测试用例的覆盖度 Cov 和度量值 Val
for (int i=0; i<Case; i++) {
    for (int j=0; j<Need; j++) {
        if (matrix[i][j]==1)
            Cov[i]+=1.0/R_num[j];          //计算每个测试用例的覆盖度
    }
    Val[i]=Cov[i]* 0.4+Case_Cost[i]* 0.2+Error_Detection[i]* 0.4;
}

//如果存在 R1,则将满足 R1 中需求的测试用例集直接加入 T'
if (R_index.get(0)==1) {
    ArrayList< Integer>list=R.get(1);
    for (Integer j : list) {//ri
        for (int i=0; i<Case; i++) {//ti
            if (matrix[i][j]==1) {
                C_Case.remove((Integer) i);
                        //当 R1 存在时,移除测试用例队列中的对应用例
                if (! result.contains(i))
                    result.add(i);
```

```
                                break;
                        }
                }
        }
        result.forEach(i -> {
            for (int j=0; j<Need; j++) {
                if (matrix[i][j]==1)
                        //当 R1 存在时,移除测试需求队列中的对应需求
                        C_Need.remove((Integer) j);
            }
        });
        cnt++;
    }


    //part 2:贪心算法计算测试用例
    while (! C_Need.isEmpty() && cnt< (R_index.size() - 1)) {
        ArrayList<Integer>list=greedy(cnt,matrix,Val);
                            //计算能够满足 Ri 集合中测试需求的测试集
        list.forEach(integer -> {
            if (! result.contains(integer))
                result.add(integer);
        });
        cnt++;
    }
    return result;
}
private static void computeRandIndex(int[] R_num,int[][] matrix){
    int Need=matrix[0].length;      //测试需求数
    R=new HashMap<>();              //R 集合
        Set<Integer>R_Need=new HashSet<>();
                            //R_index 集合
    for (int i=0; i<Need; i++) {    //计算 Ri 集合
        int current_Need=0;         //第 i 个测试用例满足的测试需求数
        for (int[] Arr : matrix)
```

```
        if (Arr[i]==1) {
            current_Need++;
            R_num[i]++;            //计算每个测试需求被满足的总次数
        }
    boolean ret=R_Need.add(current_Need);
                //将被 i 个测试用例满足的测试需求加入 R_index 集合
    ArrayList<Integer>R_i_Need;
    if (ret)
        R_i_Need=new ArrayList<>();
    else
        R_i_Need=R.get(current_Need);
    R_i_Need.add(i); //将 ri 加入被 i 个测试用例满足的测试需求集合
    R.put(current_Need, R_i_Need);
                //对于 R 中的每一项 R[i],有 R[i].index=r_Need[i]
    R_index=new ArrayList<>(R_Need);
    Collections.sort(R_index); //对 Ri 集合的索引从小到大排序
    }
}
private static ArrayList<Integer>greedy(int Ri,int[][] matrix,doub-
le[] Val) {
    ArrayList<Integer>Current_Need=new
    ArrayList<>(R.get(R_index.get(Ri)));
                                //当前计算所用到的测试需求位序
    ArrayList<Integer>result=new ArrayList<>();
                                //结果集
    while (! Current_Need.isEmpty()&&! C_Need.isEmpty()){
                //循环结束条件:当前测试需求或全部测试需求已满足
        int
        Max_index=Max_index(computeCase(Current_Need,matrix),
        Val);
        if (Max_index==-1)
            break;
        ArrayList<Integer>current=new ArrayList<>(C_Need);
        for (Integer integer:current) {
```

```
                    if (matrix[Max_index][integer]==1) {
                                            //移除已满足的测试需求
                    C_Need.remove(integer);
                    Current_Need.remove(integer);
                }
            }
            C_Case.remove((Integer) Max_index); //移除已被选中的测试需求
            result.add(Max_index);
        }
        return result;
    }


    private static int Max_index(ArrayList<Integer>Current_Case,
        double[] Val) {
        double Max_Val=0;                    //最大度量值
        int Max_index=0;                     //测试用例编号
        ArrayList<Integer>Max_Current=new ArrayList<>();
                                             //当前度量值最大的测试用例集
        if (Current_Case.isEmpty())
            return -1;
        for (Integer I : Current_Case) { //遍历当前剩余测试用例
            if (Val[I]>Max_Val) {
                Max_Val=Val[I];
                Max_index=I;
                Max_Current.clear();
                Max_Current.add(I);
            }else if (Val[I]==Max_Val) {
                Max_Current.add(I);
            }
        }
        if (Max_Current.size()>1)
            return Max_Current.get(0);
        return Max_index;
    }
```

```java
    private static ArrayList< Integer> computeCase (ArrayList< Integer>
Current_Need,int[][] matrix){
        ArrayList< Integer>Current_Case=new ArrayList<>();
        if (Current_Need.isEmpty())
            return Current_Case;
        Current_Need.forEach(need->{
            for (Integer integer : C_Case)
                if (matrix[integer][need]==1
                && ! Current_Case.contains(integer))
                    Current_Case.add(integer);
        });
        return Current_Case;
    }
}
```